人工智能算法

（卷3）：深度学习和神经网络

Artificial Intelligence for Humans

Volume 3: Deep Learning and Neural Networks

[美] 杰弗瑞 · 希顿（Jeffery Heaton）著　王海鹏 译

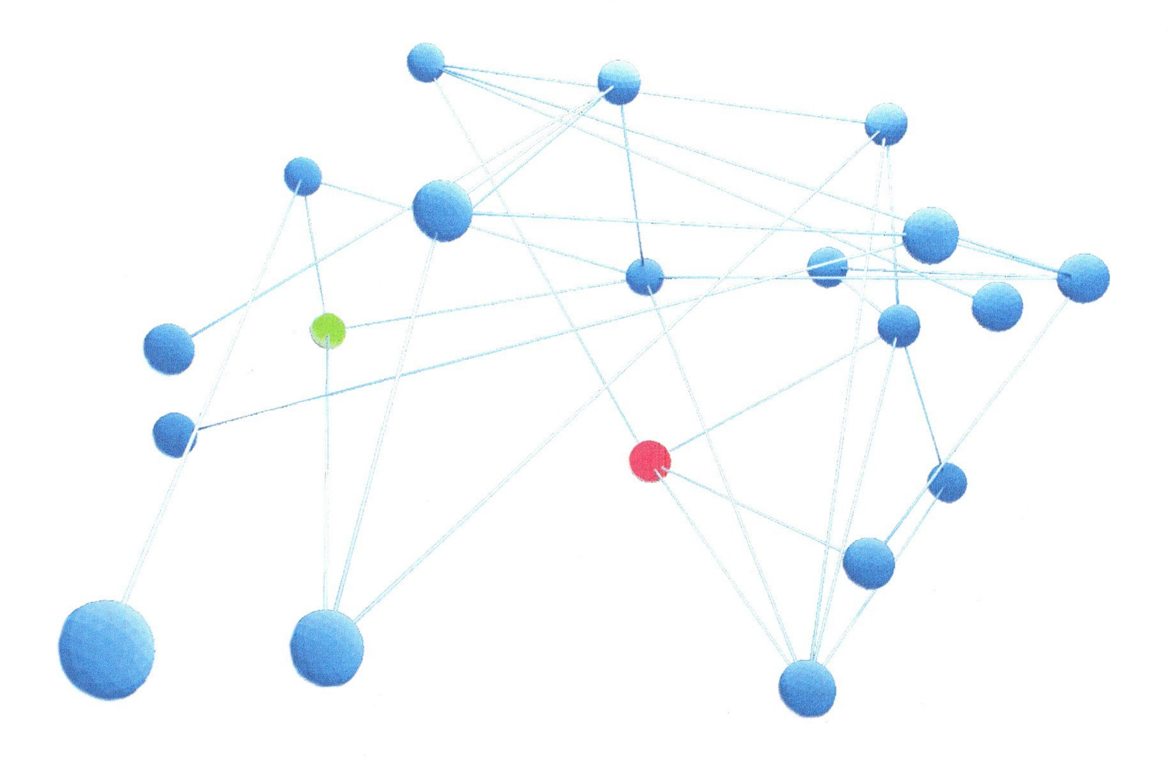

人民邮电出版社
北京

图书在版编目（CIP）数据

人工智能算法. 卷3, 深度学习和神经网络 / (美)
杰弗瑞•希顿 (Jeffery Heaton) 著 ; 王海鹏译. -- 北
京 : 人民邮电出版社, 2021.3
ISBN 978-7-115-55231-0

Ⅰ. ①人… Ⅱ. ①杰… ②王… Ⅲ. ①人工智能—算
法 Ⅳ. ①TP18

中国版本图书馆CIP数据核字(2020)第220781号

版权声明

◆ 著　　[美] 杰弗瑞•希顿（Jeffery Heaton）
译　　王海鹏
责任编辑　陈冀康
责任印制　王　郁　焦志炜
◆ 人民邮电出版社出版发行　北京市丰台区成寿寺路 11 号
邮编　100164　电子邮件　315@ptpress.com.cn
网址　https://www.ptpress.com.cn
北京九州迅驰传媒文化有限公司印刷
◆ 开本：720×960　1/16
印张：18.75　2021 年 3 月第 1 版
字数：241 千字　2025 年 3 月北京第 23 次印刷
著作权合同登记号　图字：01-2019-4800 号

定价：89.90 元

读者服务热线：(010)81055410　印装质量热线：(010)81055316
反盗版热线：(010)81055315

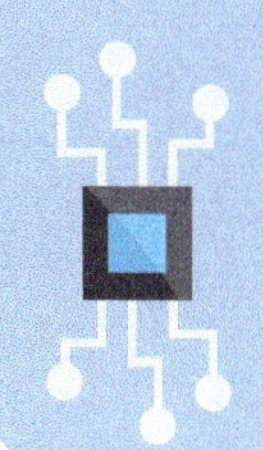

内容提要

自早期以来，神经网络就一直是人工智能（Artificial Intelligence，AI）的支柱。现在，令人兴奋的新技术（如深度学习和卷积）正在将神经网络带入一个全新的方向。本书将演示各种现实世界任务中的神经网络，如图像识别和数据科学。我们研究了当前的神经网络技术，包括ReLU激活、随机梯度下降、交叉熵、正则化、Dropout及可视化等。

本书适合作为人工智能入门读者以及对人工智能算法感兴趣的读者阅读参考。

引言 / INTRODUCTION

本书是介绍AI的系列图书中的卷3。AI是一个涵盖许多子学科的、研究广泛的领域。对没有读过本系列图书卷1或卷2的读者，本书简介将提供一些背景信息。读者无须在阅读本书之前先阅读卷1或卷2。下文介绍了可从卷1和卷2中获取的信息。

系列图书简介

本系列图书将向读者介绍AI领域的各种热门主题。本系列图书无意成为巨细无遗的AI教程，但是，本系列每本书都专注于AI的某个特定领域，让读者熟悉计算机科学领域的一些最新技术。

本系列图书以一种数学上易于理解的方式讲授AI相关概念，这也是本系列图书英文书名中“for Human”的含义。因此，我会在理论之后给出实际的编程示例和伪代码，而不仅仅依靠数学公式进行讲解。尽管如此，我还是要做出以下假设：

- 假定读者精通至少一门编程语言；
- 假定读者对大学代数课程有基本的了解；
- 不要求读者对微积分、线性代数、微分方程与统计学中的公式有太多了解，我将在必要时介绍它们。

书中示例均已改写为多种编程语言的形式，读者可以将示例适配于某种编程语言，以满足特定的编程需求。

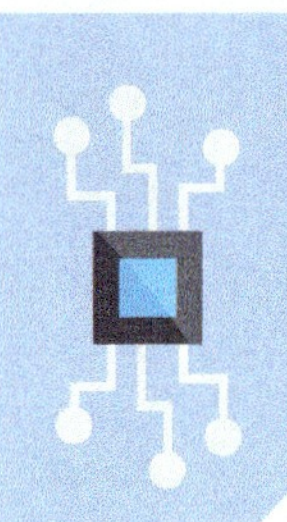

编程语言

本书中只给出了伪代码，具体示例代码则以 Java、C#、R、C/C++和 Python 等语言形式提供，此外还有社区支持维护的 Scala 版本。社区成员们正在努力将示例代码转换为更多其他的编程语言，说不定当你拿到本书的时候，你喜欢的编程语言也有了相应的示例代码。访问本书的 GitHub 开源仓库可以获取更多信息，同时我们也鼓励大家通过社区协作的方式来帮助我们完成代码改写和移植工作。如果你也希望加入社区协作，我们将不胜感激。更多相关的流程信息可以参见本书附录 A。

在线实验环境

本系列图书中的许多示例都使用了 JavaScript，并且可以利用 HTML5 在线运行。移动设备也必须具有 HTML5 运行能力才能运行这些程序。所有的线上实验环境资料均可在以下网址中找到：

```
http://www.aifh.org
```

这些线上实验环境使你即使是在移动设备上阅读电子书时也能尝试运行各种示例。

代码仓库

本系列图书中的所有代码均基于开源许可证 Apache 2.0 发布，相关内容可以在以下 GitHub 开源仓库中获取：

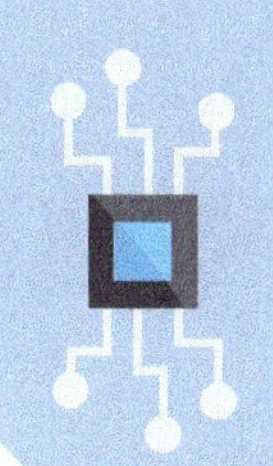

```
https://github.com/jeffheaton/aifh
```

附带 JavaScript 实验环境示例的线上实验环境则保存在以下开源仓库中：

```
https://www.heatonresearch.com/aifh/
```

如果你在运行示例时发现其中有拼写错误或其他错误，可以派生（fork）该项目并将修订推送到 GitHub。你也会在越来越多的贡献者中获得赞誉。有关贡献代码的更多信息，请参见附录 A。

本系列图书计划出版的书籍

系列图书出版计划

本系列图书的写作计划如下。

- 卷 0：AI 数学入门。
- 卷 1：基础算法。
- 卷 2：受大自然启发的算法。
- 卷 3：深度学习和神经网络。

卷 1 ~ 卷 3 将会依次出版；卷 0 则会作为“提前计划好的前传”，在本系列图书出版接近尾声之际完成。本系列所有图书都将包含实现程序所需的数学公式，前传将对较早几卷中的所有概念进行回顾和扩展。在本书出版后，我还打算编写更多有关 AI 的图书。

通常，你可以按任何顺序阅读本系列图书。每本书的介绍都将提供各卷的一些背景资料。这种组织方式能够让你快速跳转到包含你感兴趣的领域的卷。如果你想在以后补充知识，可以阅读卷 2。

其他资源

当你在阅读本书的时候，互联网上还有很多别的资源可以帮助你。

首先是可汗学院，它是一个非营利性的教育网站，上面收集并整理了许多讲授各种数学概念的视频。如果你需要复习某个概念，可汗学院官网上很可能就有你需要的视频讲解，读者可以自行查找。

其次是网站“神经网络常见问答”（Neural Network FAQ）。作为一个纯文本资源，上面拥有大量神经网络和其他 AI 领域的相关信息。

此外，Encog 项目的维基百科页面也有许多机器学习方面的内容，并且这些内容并不局限于 Encog 项目。

最后，Encog 的论坛上也可以讨论 AI 和神经网络相关话题，该论坛非常活跃，你的问题很可能会得到某个社区成员甚至我本人的回复。

神经网络介绍

神经网络的出现可追溯到 20 世纪 40 年代，因此，其有相当长

的发展历史。本书将介绍神经网络的发展历史，因为你需要了解一些术语。激活函数是其中一个很好的例子，它可以缩放神经网络中神经元的值。阈值激活函数是研究人员引入了神经网络时的早期选择，而后 S 型激活函数、双曲正切激活函数、修正线性单元（Rectified Linear Unit，ReLU）激活函数等相继被提出。虽然目前大多数文献都建议仅使用 ReLU 激活函数，但你需要了解 S 型激活函数和双曲正切激活函数，才能理解 ReLU 激活函数的优势。

只要有可能，我们就会指出要使用神经网络的哪个架构组件。我们总是会将现在大家接受的架构组件指定为推荐选择，而不是较早的经典组件。我们将许多这些架构组件放在一起，并在第 14 章“构建神经网络”中为你提供一些有关构建神经网络的具体建议。

在神经网络的发展历程中，神经网络曾几次从灰烬中重生。McCulloch W. 和 Pitts W.（1943）首先提出了神经网络的概念。但是，他们没有方法来训练这些神经网络。程序员必须手工制作这些早期神经网络的权重矩阵。由于这个过程很烦琐，因此神经网络首次被弃用了。

Rosenblatt F.（1958）提出了一种训练算法，即反向传播算法，该算法可自动创建神经网络的权重矩阵。实际上，反向传播算法有许多神经元层，可模拟动物大脑的结构，但是，反向传播算法的速度很慢，并且会随着层数的增加变得更慢。从 20 世纪 80 年代到 20 世纪 90 年代初期计算能力的增加似乎有助于神经网络执行任务，但这个时代的硬件和训练算法无法有效地训练多层神经网络，

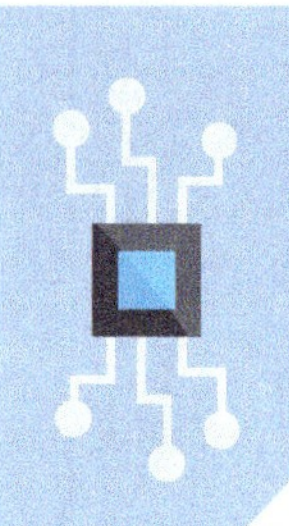

神经网络又一次被弃用了。

神经网络的再次兴起，是因为Hinton G.（2006）提出了一种全新的深度神经网络训练算法。高速图形处理单元（Graphics Processing Unit，GPU）的最新进展，使程序员可以训练具有三层或更多层的神经网络。程序员逐步意识到深层神经网络的好处，从而促使该技术重新流行。

为了奠定本书其余部分的基础，我们从分析经典的神经网络开始，这些经典的神经网络对各种任务仍然有用。我们的分析包括一些概念，如自组织映射（Self-Organizing Map，SOM）、霍普菲尔德神经网络（Hopfield neural network）和玻尔兹曼机（Boltzmann machine）。我们还介绍了前馈神经网络（FeedForward Neural Network，FFNN），并展示了几种训练它的方法。

具有许多层的前馈神经网络变成了深度神经网络。这本书包含训练深度网络的方法，如GPU支持。我们还会探索与深度学习相关的技术，如随机Dropout、正则化和卷积。最后，我们通过一些深度学习的真实示例来演示这些技术，如预测建模和图像识别。

背景资料

你可以按任何顺序阅读本系列图书，但是，本书确实扩展了卷1和卷2中介绍的某些主题。本部分内容的目的是帮助你了解神经网络及其使用方法。大多数人（甚至不是程序员）都听说过神经网络。许多科幻小说的故事都基于神经网络的思想。因此，科幻作家

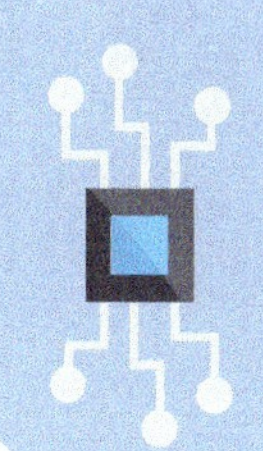

创造了一些有影响力但可能不准确的神经网络观点。

大多数行业外的人都认为神经网络是一种人工大脑。根据这种观点，神经网络可以驱动机器人，或与人类进行智能对话，但是，与神经网络相比，这个概念更接近 AI 的定义。尽管 AI 致力于创建真正的智能机器，但计算机的当前状态远低于这一目标。人类的智能仍然胜过计算机的智能。

神经网络只是 AI 的一小部分。正如神经网络目前的样子，它们执行的是微小的、高度特定的任务。与人脑不同，基于计算机的神经网络不是通用的计算设备。此外，术语“神经网络”可能会给人造成困惑，因为由大脑神经元构成的网络，也被称为神经网络。为了避免这个问题，我们必须做出重要的区分。

实际上，我们应该将人脑称为生物神经网络（Biological Neural Network，BNN）。大多数书籍都不会特别区分 BNN 和人工神经网络（Artificial Neural Network，ANN），本书也是。当我们提到“神经网络”这个术语时，指的是 ANN 而不是 BNN。

BNN 和 ANN 具有一些非常基本的相似性。如 BNN 启发了 ANN 的数学构造。生物合理性描述了各种 ANN 算法。“神经网络”这个术语决定了 ANN 算法与 BNN 算法的高度相似性。

如前所述，程序员设计神经网络来执行一项小任务。完整的应用程序可能会使用神经网络来完成应用程序的某些部分，但是，整个应用程序不会只实现一个神经网络。它可能由几个神经网络组成，每个神经网络都有特定的任务。

模式识别是神经网络可以轻松完成的任务。对于这种任务，你可以将一个模式传入神经网络，然后它将一个模式传回给你。在最高层面上，典型的神经网络只能执行这个功能。尽管某些神经网络可能会取得更大的成就，但绝大多数神经网络以这种方式工作。图1展示了这个层面上的一个神经网络。

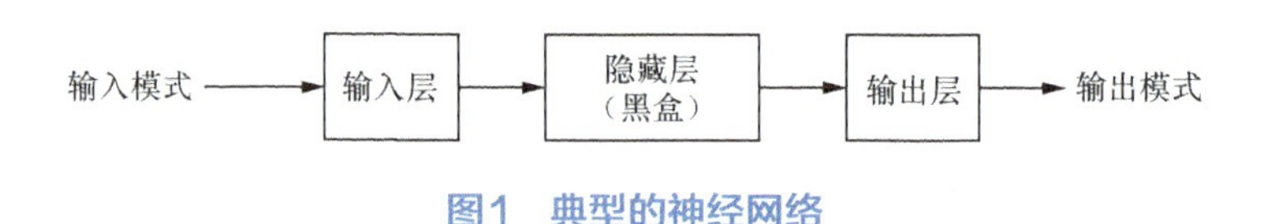

图1　典型的神经网络

如你所见，上述神经网络接收一个模式并返回一个模式。神经网络是同步运行的，只有在输入后才会输出。这种行为不同于人脑，人脑不是同步运行的。人脑对输入做出响应，但是它会在任何它愿意的时候产生输出！

神经网络结构

神经网络由一些层组成，各层的神经元相似。大多数神经网络都至少具有输入层和输出层，程序将输入模式交给输入层，然后，输出模式从输出层返回。在输入层和输出层之间是一个黑盒。黑盒是指你不完全了解神经网络为何输出它的结果。现在，我们还不关心神经网络或黑盒的内部结构。许多不同的架构定义了输入层和输出层之间的不同交互。稍后，我们将研究其中一些架构。

输入和输出模式都是浮点数数组。用以下方式表示这些数组。

神经网络输入：[−0.245, 0.283, 0.0]。

神经网络输出：[0.782, 0.543]。

上面的神经网络在输入层中有三个神经元，在输出层中有两个神经元。即使重构神经网络的内部结构，输入层和输出层中神经元的数量也不会改变。

要利用该神经网络，你调整表达问题的方式，使得输入是浮点数数组。同样，问题的解也必须是浮点数数组。归根结底，这种表达是神经网络唯一可以执行的。换言之，它们接收一个数组，并将其转换为第二个数组。神经网络不会循环，不会调用子程序，或执行你在传统编程中可能想到的任何其他任务。神经网络只是识别模式。

你可以认为神经网络是传统编程中将键映射到值的哈希表。它的作用有点像字典。你可以将以下内容视为一种类型的哈希表：

- "hear" → "以耳朵来感知或理解"；
- "run" → "比走路更快地前进"；
- "write" → "使用工具（作为笔）在表面上形成形状（作为字符或符号）"。

该表在单词和它们的定义之间创建了映射。编程语言通常称之为哈希映射或字典。上述哈希表用字符串类型的键来引用另一个值，引用的值也是相同类型的字符串。如果你以前从未使用过哈希表，那么可以将它们理解为将一个值映射到另一个值的一种索引形式。换言之，当你为字典提供一个键时，它会返回一个值。大多数神经网络都以这种方式工作。一种名为"双向关联记忆"

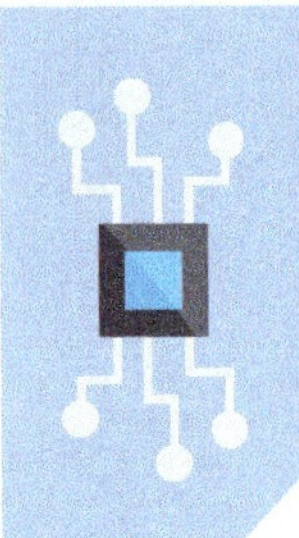

（Bidirectional Associative Memory，BAM）的神经网络可让你提供值并给出键。

编程时使用的哈希表包含键和值。可以将传入神经网络输入层的模式视为哈希表的键，将从神经网络输出层返回的模式视为哈希表返回的值。尽管类比哈希表和神经网络可以帮助你理解这个概念，但是你需要认识到神经网络不仅仅是哈希表。

如果你提供的单词不是映射中的键，那么前面的哈希表会发生什么呢？为了回答这个问题，我们将输入键“wrote”。对于这个例子，哈希表将会返回 null。它会以某种方式表明找不到指定的键。但是，神经网络不会返回 null，而是找到最接近的匹配项。它们不仅会寻找最接近的匹配项，还会修改输出以估计缺失的值。因此，如果你对神经网络输入“wrote”，那么很可能会收到输入“write”时期望的结果。你也可能会收到其他键对应的输出，因为没有足够的数据供神经网络修改响应。数量有限的样本（在这个例子中是 3 个）会导致出现这种结果。

上面的映射提出了关于神经网络的重要观点。如前所述，神经网络接收一个浮点数数组并返回另一个数组。这个行为引发了一个问题，即如何将字符串或文本值放入神经网络。尽管存在解决方案，但对神经网络而言，处理数字数据比处理字符串要容易得多。

实际上，这个问题揭示了神经网络编程中最困难的一个方面。如何将问题转换为固定长度的浮点数数组？在下面的示例中，你将看到神经网络的复杂性。

一个简单的例子

在计算机编程中，习惯提供一个“Hello World”应用程序，它只是显示文本“Hello World”。如果你已经阅读过有关神经网络的文章，那么肯定会看到使用异或（XOR）运算符的示例，该运算符示例是神经网络编程的一种“Hello World”应用程序。在后文，我们将描述比XOR更复杂的场景，但它是一个很好的示例。我们将从XOR运算符开始，把它当作一个哈希表。如果你不熟悉XOR运算符，其工作原理类似于AND/OR运算符。要使AND运算结果为真，双方都必须为真；要使OR运算结果为真，必须有任何一方为真；要使XOR运算结果为真，双方真假必须互不相同。XOR的真值表如下：

```
False XOR False = False
True XOR False = True
False XOR True = True
True XOR True = False
```

用哈希表表示，则上述真值表表示如下：

```
[0.0, 0.0] -> [0.0]
[1.0, 0.0] -> [1.0]
[0.0, 1.0] -> [1.0]
[1.0, 1.0] -> [0.0]
```

这些映射展示了神经网络的输入和理想的预期输出。

训练：有监督和无监督

如果指定了理想的输出，你就在使用有监督训练；如果没有指定理想的输出，你就在使用无监督训练。有监督训练会让神经网络产生理想的输出，无监督训练通常会让神经网络将输入数据放入由输出神经元计数定义的多个组中。

有监督训练和无监督训练都是迭代过程。对于有监督训练，每次迭代都会计算实际输出与理想输出的接近程度，并将这种接近程度表示为错误百分比。每次迭代都会修改神经网络的内部权重矩阵，目的是将错误率降到可接受的低水平。

对于无监督训练，计算错误并不容易。由于没有预期的输出，因此无法测量无监督的神经网络与理想输出差多少。因为没有理想的输出，所以你只是进行固定次数的迭代，并尝试训练神经网络。如果神经网络需要更多训练，那么程序会提供。

上述训练数据的另一个重要方面在于，你可以按任何顺序进行训练。无论哪种训练方式，对两个 0 应用 XOR（0 XOR 0）的结果将为 0。并非所有神经网络都具有这种特性。对于 XOR 运算符，我们可能会使用一种名为“前馈神经网络”的神经网络，其中训练集的顺序无关紧要。在本书的后面，我们将研究循环神经网络（Recurrent Neural Network，RNN），它确实需要考虑训练数据的顺序。顺序是简单循环神经网络的重要组成部分。

刚才，你看到简单的 XOR 运算符利用了训练数据。现在，我们将分析一种情况，它使用了更复杂的训练数据。

每加仑的英里数

通常，神经网络问题涉及一些数据，你可以利用这些数据来预测后来的数据集的值。在训练了神经网络之后，就会得到后来的数据集。神经网络的功能是根据从过去的数据集中学到的知识，来预测全新数据集的结果。考虑一个包含以下字段的汽车数据库：

- 车重（指车的质量）；
- 发动机排量；
- 气缸数；
- 马力（指以马力为单位的功率）；
- 混合动力或汽油动力；
- 每加仑的英里数［指每消耗 1 加仑（约 3.8 升）燃油可行驶的路程，以英里为单位］。

尽管我们过度简化了数据，但并不影响本示例演示如何格式化数据。假设你已经针对这些字段收集了一些数据，那么你应该能够构建一个神经网络，来根据其他字段的值来预测某个字段的值。对于这个示例，我们将尝试预测每加仑的英里数。

如前所述，我们需要将一个浮点数输入数组映射到浮点数输出数组，从而定义这个问题。但是，该问题还有一个附加要求，即这些数组元素中每一个数字的范围应为 0 ~ 1 或者 -1 ~ 1。这个操作称为归一化。它获取现实世界的数据，并将其转换为神经

网络可以处理的形式。

首先，我们需要确定如何归一化以上数据。请考虑神经网络的架构。我们共有 6 个字段，要使用其中 5 个字段来预测剩余的 1 个字段。因此，神经网络将具有 5 个输入神经元和 1 个输出神经元。

你的神经网络类似下面这样。

- 输入神经元 1：车重。
- 输入神经元 2：发动机排量。
- 输入神经元 3：气缸数。
- 输入神经元 4：马力。
- 输入神经元 5：混合动力或汽油动力。
- 输出神经元 1：每加仑的英里数。

接着我们还需要归一化数据。为了完成归一化，我们必须为这些字段的值都考虑一个合理的范围。然后，我们将输入数据转换为 0 ~ 1 的数字，代表该范围内实际值的位置。考虑以下设置了合理范围的示例。

- 车重：100 ~ 5 000 磅（约 45 ~ 2 268 千克）。
- 发动机排量：0.1 ~ 10 升。
- 气缸数：2 ~ 12。
- 马力：1 ~ 1 000 马力（约 735.5 ~ 7 355 000 瓦）。
- 混合动力或汽油动力：true 或 false。
- 每加仑的英里数：1 ~ 500 英里（约 1.6 ~ 804.5 千米）。

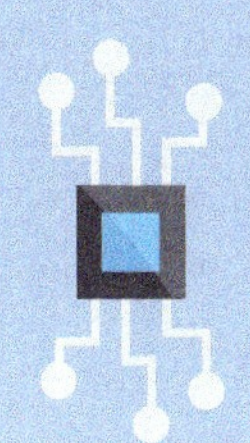

考虑到当今的汽车，这些范围可能很大，但是，这个特征将使神经网络的重组最少。我们也希望避免在靠近范围的两端出现太多数据。

为了说明这一范围，我们将考虑归一化车重 2 000 磅（约 907 千克）的问题。这在上述车重范围中为 1 900（即 2 000−100），而范围的大小为 4 900（即 5 000−100），范围大小的占比为 0.38（即 1 900/4 900）。因此，我们会将 0.38 提供给输入神经元，以表示该值。这个过程满足输入神经元 0 ~ 1 的范围要求。

混合动力或常规动力字段的值为 true 或 false。为了表示该值，我们用 1 表示混合动力，用 0 表示常规动力。我们只需将 true 或 false 归一化为 1 或 0 两个值即可。

既然你已经了解了神经网络的一些用法，现在该确定如何为特定问题选择合适的神经网络了。在随后的内容中，我们提供了各种可用的神经网络路线图。

神经网络路线指引

本书包含各种类型的神经网络。我们将提供这些神经网络及其示例，展示特定问题域中的神经网络。并不是所有神经网络都适用于每一个问题域。作为神经网络程序员，你需要知道针对特定问题使用哪个神经网络。

这里提供了通往本书其余部分的高级路线指引，它将指导你

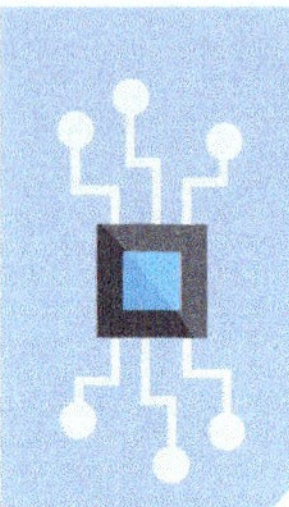

阅读本书中你感兴趣的领域。表 1 展示了本书中的神经网络类型及其适用的问题域。

表 1　神经网络类型和问题域

类型	聚类	回归	分类	预测	机器人	视觉	优化
自组织映射	√√√				√	√	
前馈		√√√	√√√	√√	√√	√√	
Hopfield			√			√	√
玻尔兹曼机			√				√√
深度信念网络			√√√		√√	√√	
深度前馈		√√√	√√√	√√	√√√	√√	
NEAT		√√	√√		√√		
CPPN					√√√	√√	
HyperNEAT		√√	√√		√√√	√√	
卷积网络		√	√√√		√√√	√√√	
埃尔曼网络		√√	√√	√√√			
若当网络		√√	√√	√√	√√		
循环网络		√√	√√	√√√	√√	√	

表 1 列出的问题域说明如下。

- 聚类：无监督的聚类问题。
- 回归：回归问题，神经网络必须根据输入，输出数字。
- 分类：分类问题，神经网络必须将数据点分为预定义的类别。
- 预测：神经网络必须及时预测事件，如金融应用程序的信号。

- 机器人：使用传感器和电机控制的机器人。
- 视觉：计算机视觉（Computer Vision，CV）问题，要求计算机理解图像。
- 优化：优化问题，要求神经网络找到最佳排序或一组值以实现目标。

勾选标记（√）的数量给出了每种神经网络类型对该特定问题的适用性。如果没有勾选，则说明无法将该神经网络类型应用于该问题域。

所有神经网络都有一些共同的特征，如神经元、权重、激活函数和层，它们是神经网络的构建块。在本书的第 1 章中，我们将介绍这些概念，并介绍大多数神经网络共有的基本特征。

本书中使用的数据集

本书包含一些数据集，这些数据集让我们能够展示神经网络在实际数据中的应用。我们选择了几个数据集来介绍如回归、分类、时间序列和计算机视觉等主题。

MNIST 手写数字数据集

本书中有几个示例使用了 MNIST 手写数字数据集（以下简称 MNIST 数据集）。MNIST 数据集是一个大型的手写数字数据集，程序员可以用它来训练各种图像处理系统。这个经典数据集经常与一些神经网络一起提供。该数据集实质上是神经网络的“Hello

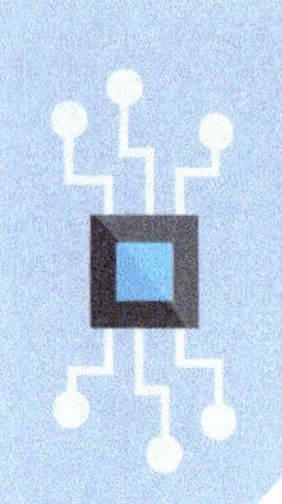

World”程序。

MNIST 数据集以特殊的二进制格式存储。你可以在互联网上找到这种格式。本书提供的示例程序可以读取这种格式。

MNIST 数据集包含许多手写数字。它还包括 60 000 个示例的训练集和 10 000 个示例的测试集。两个集合上都提供标签，以指示每个数字应该是什么。MNIST 数据集是一个经过大量研究的数据集，程序员经常将它作为新机器学习算法和技术的基准。此外，研究人员已经发表了许多有关他们试图实现最低错误率的科学论文。在一项研究中，研究人员使用卷积神经网络（Convolutional Neural Network，CNN）的分层系统，设法在 MNIST 数据集上实现了 0.23% 的错误率[①]。

图 2 展示了该数据集的一个样本。

图2　MNIST手写数字样本

我们可以将这个数据集用于分类神经网络。神经网络学会观察图像，并将它分到 10 个数字中的适当位置。虽然这个数据集用于基于图像的神经网络，但是你也可以认为它是传统数据集。这些图像的大小是 28 像素 ×28 像素。尽管这些图像令人印象深刻，但本书将从使用常规的神经网络开始，用 784（即 28×28）个输入神经元的神经网络来处理这些图像。你将使用相同类型的神经网络，来处理具有大量输入的所有分类问题。这样的问题是高维度的。在本书的后

① Schmidhuber，2012。

面，我们将学习如何使用专门为图像识别设计的神经网络。与较传统的神经网络相比，这些神经网络在 MNIST 数据集上的性能要好得多。

鸢尾花数据集

由于AI经常使用鸢尾花数据集[1]，因此你会在本书中多次看到它。Ronald Fisher 爵士（1936）收集了这些数据，作为判别分析的一个例子。即使在今天，该数据集在机器学习中也非常流行。

鸢尾花数据集包含 150 朵鸢尾花的测量值和物种信息，该数据集实质上可表示为具有以下列或特征的电子表格：

- 萼片长度；
- 萼片宽度；
- 花瓣长度；
- 花瓣宽度；
- 鸢尾花的种类。

这里的“花瓣”是指鸢尾花最里面的花瓣，而“萼片”是指鸢尾花最外面的花瓣。尽管该数据集似乎是长度为 5 的向量，但种类特征的处理必须与其他 4 个特征不同。换言之，向量通常仅包含数字。因此，前 4 个特征本质上是数字，而种类特征不是。

这个数据集的主要应用之一是创建一个程序，作为分类器。

---

① Fisher，1936。

也就是说，它将花朵的特征作为输入（萼片长度、花瓣宽度等），并最终确定种类。对于完整的已知数据集，这种分类将是微不足道的，但我们的目标是使用未知鸢尾花的数据来查看模型是否可以正确识别物种。

简单的数字编码能将鸢尾花种类转换为单个维度。我们必须使用附加的维度编码，如 1-of-*n* 或等边的（equilateral），以便让物种编码彼此等距。如果我们要对鸢尾花进行分类，则不希望我们的编码过程产生任何偏差。

将鸢尾花特征视为更高维度空间中的维度，这非常有意义。将单个样本（鸢尾花数据集中的行）视为这个搜索空间中的点，靠近的点可能具有相似之处。通过研究来自鸢尾花数据集的以下 3 行数据，我们来看看这些相似之处：

```
5.1, 3.5, 1.4, 0.2, Iris-setosa
7.0, 3.2, 4.7, 1.4, Iris-versicolor
6.3, 3.3, 6.0, 2.5, Iris-virginica
```

第 1 行萼片长度为 5.1，萼片宽度为 3.5，花瓣长度为 1.4，花瓣宽度为 0.2。如果使用 1-of-*n* 编码，则以上 3 行数据将编码为以下 3 个向量：

```
[5.1, 3.5, 1.4, 0.2, 1, 0, 0]
[7.0, 3.2, 4.7, 1.4, 0, 1, 0]
[6.3, 3.3, 6.0, 2.5, 0, 0, 1]
```

在第 4 章“前馈神经网络”中将介绍 1-of-*n* 编码。

汽车 MPG 数据集

汽车每加仑英里数（Miles Per Gallon，MPG）数据集通常用于回归问题。该数据集包含一些汽车的属性。利用这些属性，我们可以训练神经网络来预测汽车的燃油效率。加利福尼亚大学欧文分校（UCI）机器学习存储库提供了这个数据集。

我们从卡内基梅隆大学维护的 StatLib 库中获取了这些数据。在 1983 年的美国统计协会的展览会上，程序员使用了该数据集，并且没有丢失任何值。这项研究的作者 Quinlan（1993）使用该数据集描述了油耗。"按每加仑英里数，该数据考虑了城市车辆的油耗，旨在根据 3 个多值离散值和 5 个连续属性进行预测"[①]。

该数据集包含以下属性：

```
1. mpg（每加仑英里数）：连续
2. cylinders（气缸数）：多值离散值
3. displacement（排量）：连续
4. horsepower（马力）  ：连续
5. weight（车重）：连续
6. acceleration（加速）：连续
7. model year（车型年份）：多值离散值
8. origin（来源）：多值离散值
9. car name（车名）：字符串（每个实例唯一）
```

太阳黑子数据集

太阳黑子是太阳表面的暂时现象。与周围区域相比，其看起

① Quinlan，1993。

来像是黑点。强烈的磁活动会引起黑子。尽管它们出现的温度是3 000 ~ 4 500 K（约2 727 ~ 4 227℃），但与周围物质大约5 780 K（约5 507℃）的温度形成反差，导致它们成为清晰可见的黑点。黑子有规律地出现和消失，这让它们成为时间序列预测的良好数据集。

图3展示了黑子随时间的活动数。

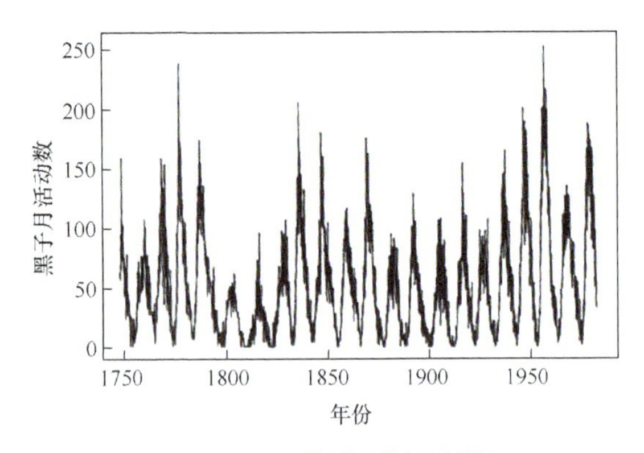

图3 黑子随时间的活动数

年	月	黑子数	标准差
1749	1	58.0	24.1
1749	2	62.6	25.1
1749	3	70.0	26.6
1749	4	55.7	23.6
1749	5	85.0	29.4
1749	6	83.5	29.2
1749	7	94.8	31.1
1749	8	66.3	25.9
1749	9	75.9	27.7

以上数据提供了观测到的黑子的年、月、黑子数和标准差。许多世界性的组织都在观测黑子。

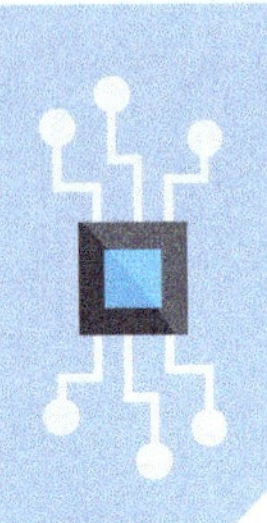

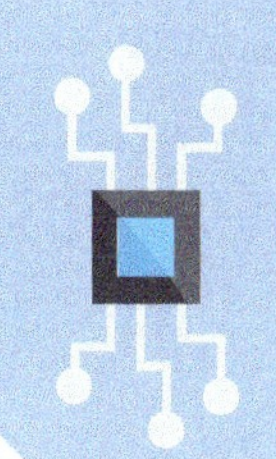

XOR 运算符

XOR 运算符是布尔运算符。程序员经常将 XOR 的真值表作为一种非常简单的“Hello World”训练集，用于机器学习。我们将该表称为 XOR 数据集。该运算符与 XOR 奇偶校验运算符相关，该运算符接收 3 个输入并具有以下真值表：

```
0 XOR 0 = 0
1 XOR 0 = 1
0 XOR 1 = 1
1 XOR 1 = 0
```

在需要手动训练或评估神经网络的情况下，我们会利用 XOR 运算符。

Kaggle 的 Otto 集团产品分类挑战赛

在本书中，我们还会利用 Kaggle 的 Otto 集团产品分类挑战赛（Kaggle Otto Group Product Classification Challenge）数据集。Kaggle 是一个平台，促使数据科学家在新数据集上展开竞争。我们使用这个数据集，根据未知属性将产品分为几类。此外，我们将使用深度神经网络来解决这个问题。我们还会在本书中讨论一些高级集成技术，你可以将它们用于 Kaggle 挑战赛。我们将在第 16 章中更详细地描述这个数据集。

本书开始将概述大多数神经网络共有的特性。这些特性包括神经元、层、激活函数和连接。在本书的其余部分，我们将介绍更多的神经网络体系结构，从而扩展这些主题。

资源与支持

本书由异步社区出品，社区（https://www.epubit.com/）为你提供相关资源和后续服务。

提交勘误

作者和编辑尽最大努力来确保书中内容的准确性，但难免会存在疏漏。欢迎你将发现的问题反馈给我们，帮助我们提升图书的质量。

当你发现错误时，请登录异步社区，按书名搜索，进入本书页面，点击“提交勘误”，输入勘误信息，点击“提交”按钮即可。本书的作者和编辑会对你提交的勘误进行审核，确认并接受后，你将获赠异步社区的100积分。积分可用于在异步社区兑换优惠券、样书或奖品。

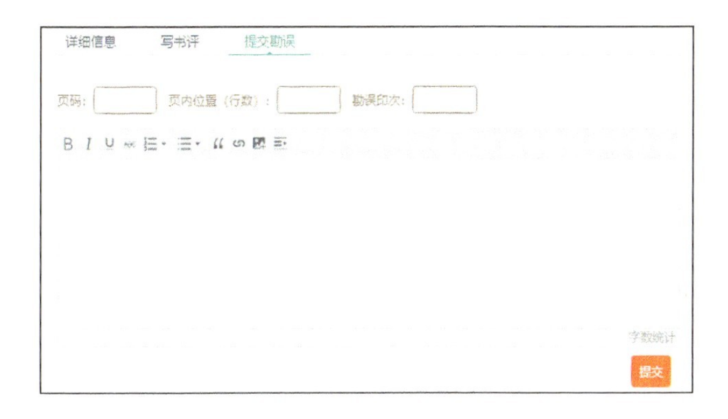

扫码关注本书

扫描下方二维码，你将会在异步社区微信服务号中看到本书信息及相关的服务提示。

与我们联系

我们的联系邮箱是 contact@epubit.com.cn。

如果你对本书有任何疑问或建议，请你发邮件给我们，并请在邮件标题中注明本书书名，以便我们更高效地做出反馈。

如果你有兴趣出版图书、录制教学视频，或者参与图书翻译、技术审校等工作，可以发邮件给我们；有意出版图书的作者也可以到异步社区在线提交投稿（直接访问 www.epubit.com/selfpublish/submission 即可）。

如果你是学校、培训机构或企业，想批量购买本书或异步社区出版的其他图书，也可以发邮件给我们。

如果你在网上发现有针对异步社区出品图书的各种形式的盗版行为，包括对图书全部或部分内容的非授权传播，请你将怀疑有侵权行为的链接发邮件给我们。你的这一举动是对作者权益的保护，也是我们持续为你提供有价值的内容的动力之源。

关于异步社区和异步图书

“**异步社区**”是人民邮电出版社旗下 IT 专业图书社区，致力于出版精品 IT 技术图书和相关学习产品，为作译者提供优质出版服务。异步社区创办于 2015 年 8 月，提供大量精品 IT 技术图书和电子书，以及高品质技术文章和视频课程。更多详情请访问异步社区官网 https://www.epubit.com。

“**异步图书**”是由异步社区编辑团队策划出版的精品 IT 专业图书的品牌，依托于人民邮电出版社近 30 年的计算机图书出版积累和专业编辑团队，相关图书在封面上印有异步图书的 LOGO。异步图书的出版领域包括软件开发、大数据、AI、测试、前端、网络技术等。

异步社区

微信服务号

目录 / CONTENTS

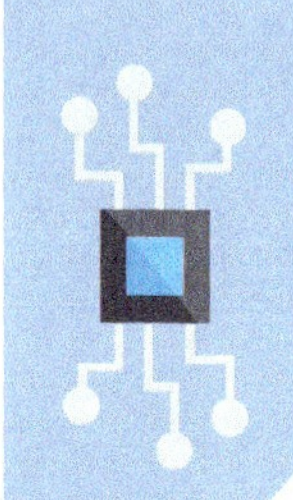

第1章 神经网络基础

本章要点：

- 神经元和层；
- 神经元的类型；
- 激活函数；
- 逻辑。

本书探讨神经网络，以及如何训练、查询、构建和解释神经网络。我们介绍许多神经网络架构，以及可以训练这些神经网络的大量算法。训练是一个过程，在这个过程中，神经网络不断调整，实现根据数据进行预测的目标。本章将介绍一些基本概念，它们与本书中介绍的神经网络类型最为相关。

深度学习是用于多层神经网络的相对较新的一组训练技术，也是一个主要主题。它包含几种算法，可以训练复杂类型的神经网络。随着深度学习的发展，我们现在有了一些有效的方法来训练多层神经网络。

本章将讨论不同神经网络之间的共性。此外，你还将学习神经元如何形成加权连接，这些神经元如何创建层，以及激活函数如何影响层的输出。我们从神经元和层开始。

1.1 神经元和层

大多数神经网络结构使用某种类型的神经元。存在许多结构不同的神经网络，程序员一直在引入实验性的神经网络结构。即便如此，也不可能涵盖所有的神经网络结构。但是，神经网络实现之间存在一些共性。如果一个算法被称为神经网络，那么它通常将由单独的、相互连接的单元组成，尽管这些单元可能被称为神经元，也可能未被称为神经元。实际上，神经网络处理单元的名称在不同的文献中有所不同，它可以被称为节点、神经元或单元。

图 1-1 展示了单个人工神经元的抽象结构。

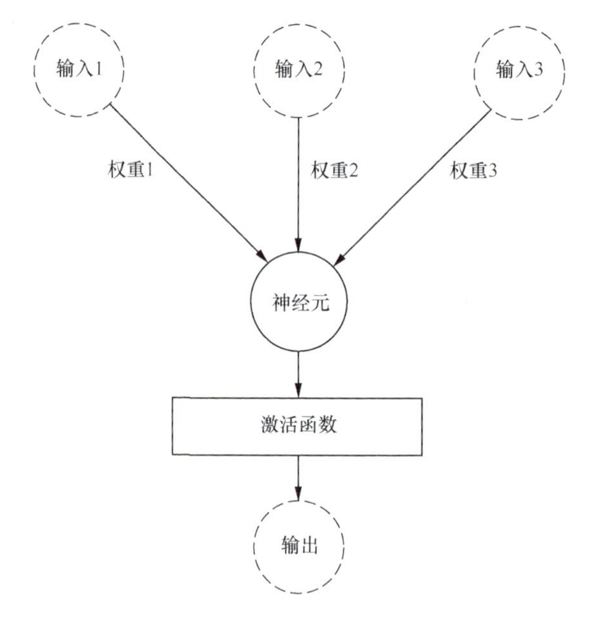

图1-1 单个人工神经元的抽象结构

人工神经元从一个或多个来源接收输入，该来源可以是其他神经元，也可以是计算机程序提供给该网络的数据。输入通常是浮点数或二元值。通常将真（true）和假（false）表示为1和0，从而将二元值输入编码为浮点数。有时，程序还将二元值输入编码体现为双极性系统，即将真表示为1，假表示为-1。

人工神经元将每个输入乘以权重。然后，将这些乘积相加，并将和传递给激活函数。有些神经网络不使用激活函数。公式1-1总结了神经元的计算输出：

$$f(x_i, w_i) = \phi\sum_i (w_i \cdot x_i) \tag{1-1}$$

在公式1-1中，变量 x 和 w 代表神经元的输入和权重。变量 i 代表权重和输入的数量。输入的数量和权重的数量必须总是相同的。每个权重乘以其各自的输入，然后将这些乘积乘以一个激活函数，该函数由希腊字母 ϕ（phi）表示。这个过程使神经元只有单个输出。

图1-1展示了只有一个构建块的结构。你可以将许多人工神经元链接在一起，构建人工神经网络。也可以将人工神经元视为构建块，将输入和输出圆圈视为连接块。图1-2展示了由3个神经元组成的简单人工神经网络。

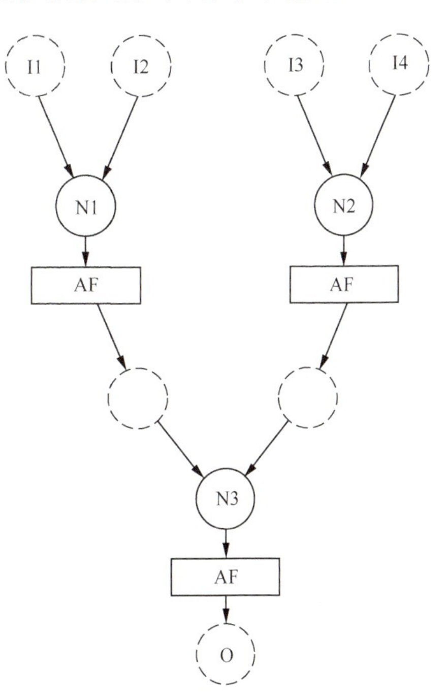

图1-2 简单人工神经网络

图1-2展示了3个相互连接的神经元。这个图的本质是，图1-1减去一些输入，重复3次然后连接。它总共有4个输入和1个输出。神经元N1和N2的输出提供给N3，以产生输出O。为计算图1-2的输出，我们执行3次公式

1-1。前两次计算 N1 和 N2，第三次使用 N1 和 N2 的输出来计算 N3。

神经网络通常不会显示到如图 1-2 那样的详细程度。为了简化该图，我们可以省略激活函数和中间输出。简化的人工神经网络如图 1-3 所示。

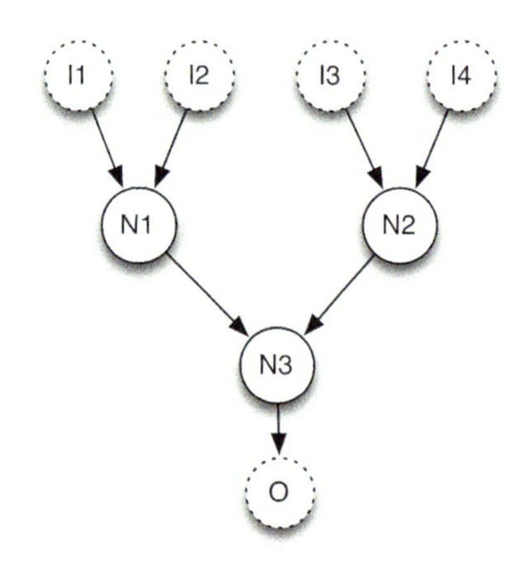

图1-3 简化的人工神经网络

在图 1-3 中，你会看到神经网络的两个附加组件。首先，考虑输入和输出，它们显示为抽象的虚线圆。输入和输出可以是更大的神经网络的一部分。但是，输入和输出通常是特殊类型的神经元，输入神经元从使用该神经网络的计算机程序接收数据，而输出神经元会将结果返回给程序。这种类型的神经元称为输入神经元和输出神经元。我们将在 1.2.1 小节中讨论这些神经元。

图 1-3 还展示了神经元的分层排列。输入神经元是第一层，N1 和 N2 神经元创建了第二层，第三层包含 N3，第四层包含 O。尽管大多数神经网络将神经元排列成层，但并非总是如此。Stanley（2002）引入了一种神经网络架构，称为“增强拓扑神经进化”（NeuroEvolution of Augmenting Topologies，NEAT）。NEAT 神经网络可以具有非常杂

乱的非分层架构。

形成一层的神经元具有几个特征。首先，层中的每个神经元具有相同的激活函数。但是，不同的层可能具有不同的激活函数。其次，各层完全连接到下一层。换言之，一层中的每个神经元都与上一层中的每个神经元有连接。图 1-3 所示网络不是完全连接的，有几层缺少连接，如 I1 和 N2 不连接。图 1-4 所示神经网络是图 1-3 的新版本，它已完全连接，并多了一个神经元 N4。

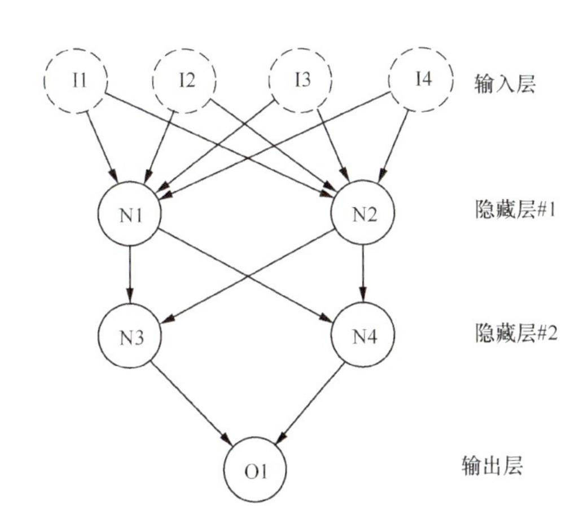

图1-4 完全连接的神经网络

在图 1-4 中，你可以看到一个完全连接的多层神经网络。神经网络总是有输入层和输出层。隐藏层的数量决定了神经网络结构的名称。图 1-4 中所示的神经网络是一个两层神经网络。大多数神经网络有 0 ~ 2 个隐藏层。除非你实现了深度学习策略，否则很少有具有两个以上隐藏层的神经网络。

你可能还会注意到，箭头始终从输入指向输出，向下或向前。这种类型的神经网络通常称为“前馈神经网络”。在本书的后面，我们将看到在神经元之间形成反向循环的循环神经网络。

1.2 神经元的类型

在 1.1 节中，我们简要介绍了存在不同类型的神经元的思想。现在，我们将解释书中描述的所有神经元类型。并非每个神经网络都会使用每种类型的神经元。单个神经元也有可能扮演几种不同神经元类型的角色。

1.2.1 输入和输出神经元

几乎每个神经网络都有输入和输出神经元。输入神经元接收来自程序的神经网络数据。输出神经元将处理后的数据从神经网络返回给程序。这些输入和输出神经元将由程序分组为单独的层，分组后的层称为输入和输出层。但是，对于某些神经网络结构，神经元可以同时充当输入和输出。霍普菲尔德神经网络就是这样的一个示例，其中神经元既是输入又是输出，我们将在第 3 章“霍普菲尔德神经网络和玻尔兹曼机”中讨论。

程序通常将神经网络的输入表示为数组，即向量。向量中包含的元素数量必须等于输入神经元的数量。例如，具有 3 个输入神经元的神经网络可以接收以下输入向量：

```
[0.5, 0.75, 0.2]
```

神经网络通常接收浮点数向量作为其输入。同样，神经网络将输出一个向量，其长度等于输出神经元数量。输出通常是来自单个输出神经元的单个值。为了保持一致，我们将单输出神经元网络的输出表示为单个元素的向量。

请注意，输入神经元没有激活函数。如图 1-1 所示，输入神经元

只不过是占位符，简单地对输入进行加权和求和。此外，如果神经网络具有既是输入，又是输出的神经元，那么神经网络的输入和输出向量的大小相同。

1.2.2 隐藏神经元

隐藏神经元具有两个重要特征。首先，隐藏神经元仅接收来自其他神经元的输入，例如输入神经元或其他隐藏神经元。其次，隐藏神经元仅输出到其他神经元，例如输出神经元或其他隐藏神经元。隐藏神经元可以帮助神经网络理解输入，并形成输出。但是，它们没有直接连接到输入数据或最终输出。隐藏神经元通常被分组为完全连接的隐藏层。

程序员面临的一个常见问题，就是神经网络中隐藏神经元的数量有多少。由于这个问题的答案很复杂，因此本书在不止一个小节中，对隐藏神经元的数量进行了相关讨论。在引入深度学习之前，通常人们建议，除了单个隐藏层以外，其他任何东西都是多余的[①]。研究证明，单层神经网络可以用作通用逼近器（universal approximator）。换言之，只要该神经网络在单层中具有足够的隐藏神经元，它就应该能够学会从任何输入产生（或近似产生）任何输出。

研究者过去忽视其他隐藏层的另一个原因在于，这些层会阻碍神经网络的训练。训练是指确定良好权重的过程。在研究者引入深度学习技术之前，我们根本没有一种有效的方法来训练深度神经网络，即具有大量隐藏层的神经网络。尽管理论上单隐藏层神经网络可以学习任何内容，但深度学习有助于表示数据中更复杂的模式。

① Hornik，1991。

1.2.3 偏置神经元

程序员向神经网络添加偏置神经元（bias neurons），以帮助它们学习模式。偏置神经元的功能类似于总是产生值 1 的输入神经元。由于偏置神经元的输出恒定为 1，因此它们没有连接到上一层。值 1 称为偏置激活，也可以将它设置为 1 以外的值，但是，1 是最常见的偏置激活。并非所有的神经网络都有偏置神经元。图 1-5 展示了带有偏置神经元的单层神经网络。

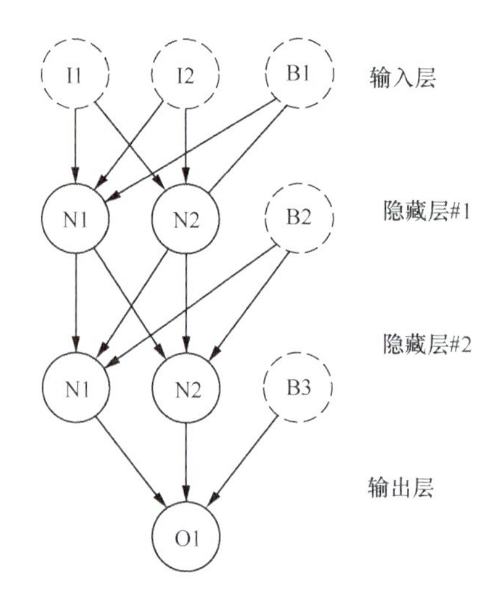

图1-5　带有偏置神经元的单层神经网络

图 1-5 所示的神经网络包含 3 个偏置神经元。除输出层外，每层都包含一个偏置神经元。偏置神经元允许激活函数的输出发生偏移。在后文讨论激活函数时，我们将清楚地看到这种偏移发生的方式。

1.2.4 上下文神经元

上下文神经元用于循环神经网络。这种类型的神经元允许神经网

络保持状态，因此，给定的输入可能并不总是产生完全相同的输出。这种不一致类似于生物大脑的运作。请考虑当听到喇叭声时，上下文因素如何影响你的反应。如果你在过马路时听到喇叭声，则可能会感到震惊，停止行走并朝喇叭声传来的方向看。如果你在电影院观看动作类、冒险类电影时听到喇叭声，你的反应就不会完全一样。因此，先前的输入为你提供了处理喇叭声输入的上下文。

时间序列是上下文神经元的一种应用。你可能需要训练神经网络来学习输入信号，从而执行语音识别或预测安全价格的趋势。上下文神经元是神经网络处理时间序列数据的一种方法。图 1-6 展示了上下文神经元如何在神经网络中排列。

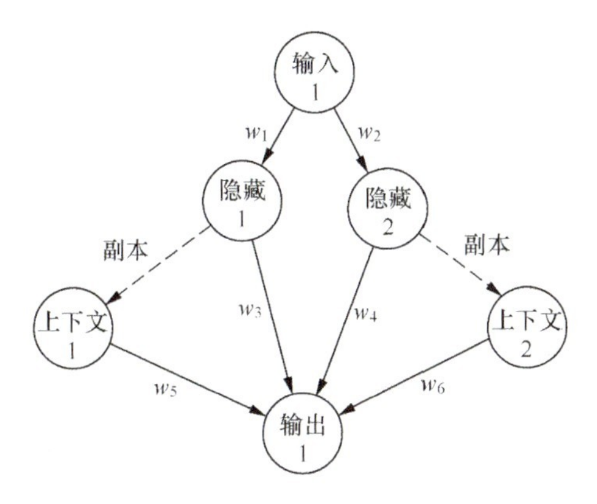

图1-6　上下文神经元

这个神经网络具有单个输入和输出神经元。在输入层和输出层之间是两个隐藏神经元和两个上下文神经元。除了两个上下文神经元，该神经网络与本章中先前的神经网络相同。

每个上下文神经元都有一个从 0 开始的值，并且始终从神经网络的先前使用中接收隐藏 1 或隐藏 2 的副本。图 1-6 中的两条虚线表示上下文神经元是直接副本，没有其他权重。其他线表明输出由列出的 6 个权重值之一加权。仍然使用公式 1-1 以相同的方式计算输出。输出神经元的值将是

所有 4 个输入分别乘以它们的权重后的总和，并应用激活函数的结果。

有一种神经网络名为简单循环神经网络（Simple Recurrent Neural Network，SRN），它使用了上下文神经元。若当神经网络（Jordan neural network）和埃尔曼网络（Elman neural nebwork）是两种最常见的简单循环神经网络。图 1-6 展示了埃尔曼神经网络。第 13 章“时间序列和循环神经网络”探讨了这两种类型的简单循环神经网络。

1.2.5 其他神经元名称

组成神经网络的各个单元并不总是称为神经元。研究者有时会将其称为节点或单元。在本书的后续内容中，我们将探讨深度学习，它利用了玻尔兹曼机来替代神经元的作用。无论神经元的类型如何，神经网络几乎总是由这些神经元之间的加权连接构成的。

1.3 激活函数

在神经网络编程中，激活函数或传递函数为神经元的输出建立界限。神经网络可以使用许多不同的激活函数。我们将在本节中讨论最常见的激活函数。

为神经网络选择激活函数是一个重要的考虑，因为它会影响输入数据格式化的方式。在本章中，我们将指导你选择激活函数。第 14 章“构建神经网络”将包含该选择过程的更多详细信息。

1.3.1 线性激活函数

最基本的激活函数是线性函数，因为它根本不改变神经元输出。

公式 1-2 展示了程序通常如何实现线性激活函数：

$$\phi(x)=x \tag{1-2}$$

如你所见，这个激活函数只是返回神经元输入传递给它的值。图 1-7 展示了线性激活函数的图像。

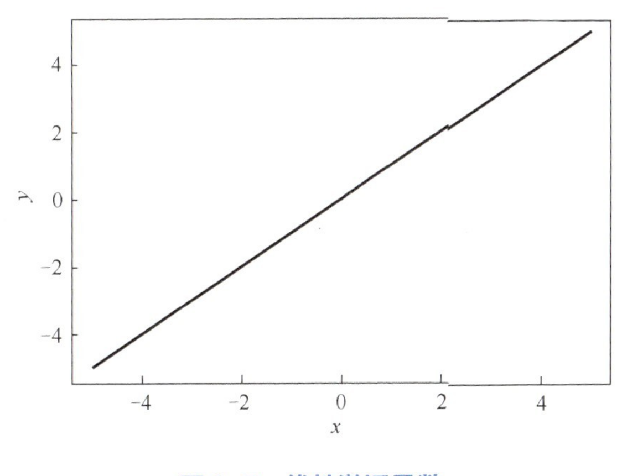

图1-7　线性激活函数

为学习提供数值的回归神经网络，通常会在其输出层使用线性激活函数。分类神经网络，即为其输入确定合适类别的神经网络，通常在其输出层使用 Softmax 激活函数。

1.3.2　阶跃激活函数

阶跃或阈值激活函数是另一种简单的激活函数。神经网络最初称为“感知机”（perceptron）。McCulloch 和 Pitts（1943）引入了最初的感知机，并使用了如公式 1-3 一样的阶跃激活函数：

$$\phi(x)=\begin{cases}1, x \geqslant 0.5 \\ 0, 其他\end{cases} \tag{1-3}$$

公式 1-3 为 0.5 或更高的输入值输出 1，为所有其他输入值输出 0。阶跃激活函数通常被称为阈值激活函数，因为它们仅对大于指定阈值的值返回 1（真），如图 1-8 所示。

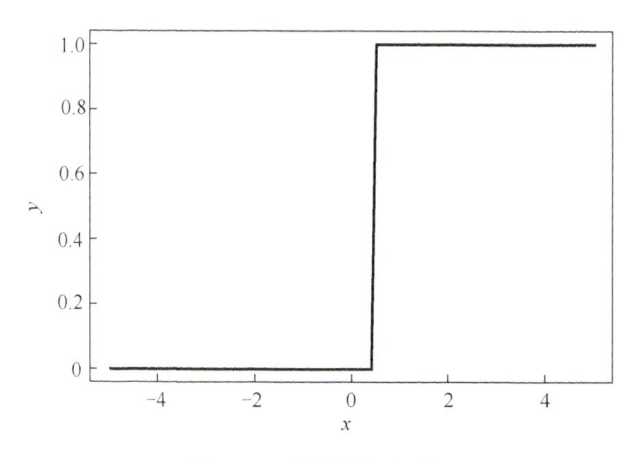

图1-8 阶跃激活函数

1.3.3 S 型激活函数

对于仅需要输出正数的前馈神经网络，S 型（Sigmoid）激活函数或逻辑激活函数是非常常见的选择。虽然它使用广泛，但双曲正切激活函数或 ReLU 激活函数通常是更合适的选择。我们将在本章后面介绍 ReLU 激活函数。公式 1-4 展示了 S 型激活函数：

$$\phi(x)=\frac{1}{1+\mathrm{e}^{-x}} \tag{1-4}$$

使用 S 型激活函数以确保值保持在相对较小的范围内，如图 1-9 所示。

从图 1-9 可以看出，大于或小于 0 的值都会被压缩到 0 ~ 1 的范围内。

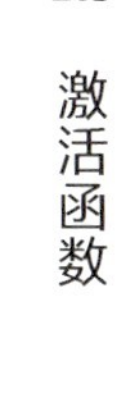

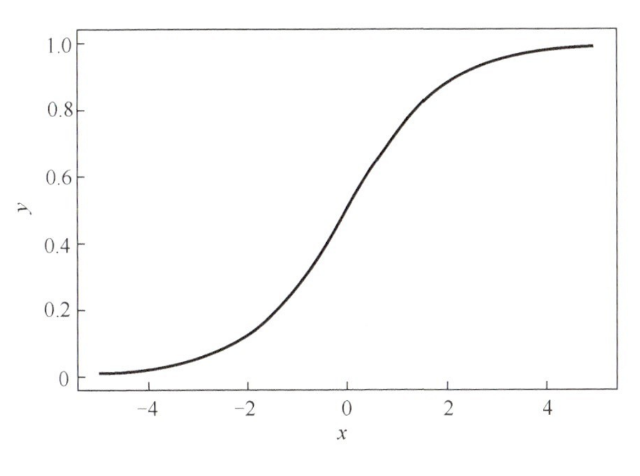

图1-9　S型激活函数

1.3.4　双曲正切激活函数

对于必须输出 −1 ~ 1 的值的神经网络，双曲正切（tanh）激活函数也是非常常见的激活函数，如公式 1-5 所示：

$$\phi(x)=\tanh(x) \tag{1-5}$$

双曲正切激活函数图像的形状类似 S 型激活函数，图像的形状如图 1-10 所示。

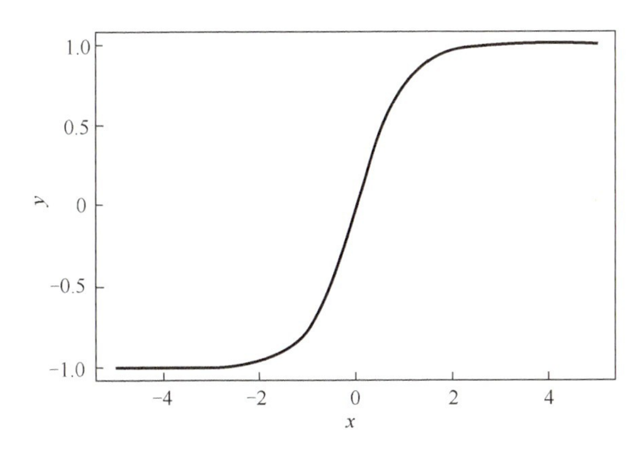

图1-10　双曲正切激活函数

双曲正切激活函数相对 S 型激活函数具有诸多优点。这些优点涉及神经网络训练中使用的导数，它们将在第 6 章“反向传播训练”中介绍。

1.4 修正线性单元

修正线性单元（ReLU）由 Teh 和 Hinton 在 2000 年引入，在过去几年中得到了迅速的应用。在 ReLU 激活函数之前，双曲正切激活函数通常被视为优先选择的激活函数。由于出色的训练结果，目前大多数最新研究都推荐 ReLU 激活函数。因此，大多数神经网络应该在隐藏层上使用 ReLU 激活函数，在输出层上使用 Softmax 或线性激活函数。公式 1-6 展示了非常简单的 ReLU 激活函数：

$$\phi(x)=\max(0,x) \tag{1-6}$$

现在，我们将研究为什么 ReLU 激活函数通常比隐藏层的其他激活函数要好。性能提高的部分原因在于 ReLU 激活函数是线性的非饱和激活函数。与 S 型激活函数 / 逻辑激活函数或双曲正切激活函数不同，ReLU 不会饱和到 −1、0 或 1。饱和激活函数总是朝向并最终获得一个值。如双曲正切激活函数在 x 减小时饱和到 −1，在 x 增大时饱和到 1。图 1-11 展示了 ReLU 激活函数的图像。

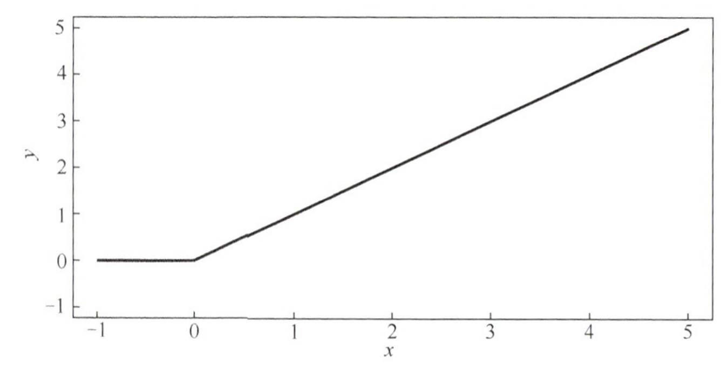

图1-11 ReLU 激活函数

最新研究表明，神经网络的隐藏层应使用ReLU激活函数。ReLU激活函数优于双曲正切激活函数和S型激活函数的原因将在第6章“反向传播训练”中进行说明。

1.4.1 Softmax激活函数

我们要学习的最后一个激活函数是Softmax激活函数。与线性激活函数一样，通常会在神经网络的输出层中找到Softmax激活函数。Softmax激活函数用于分类神经网络。分类神经网络中，具有最高值的神经元可以宣称神经网络的输入属于它的分类。因为它是一种更好的方法，所以Softmax激活函数会强制神经网络的输出表示输入落入每个类的概率。如果没有Softmax激活函数，则神经元的输出就是数值，值最高的数表示获胜的类。

为了了解如何使用Softmax激活函数，我们来研究一个常见的神经网络分类问题。鸢尾花数据集包含针对150种不同鸢尾花的4个测量值。这些花中的每一种都属于3个鸢尾花物种之一。当你提供花朵的测量值时，Softmax激活函数允许神经网络为你提供这些测量值属于这3个物种的概率。如神经网络可能会告诉你，该鸢尾花有80%的概率是setosa，有15%的概率是virginica，只有5%的概率是versicolour。因为这些是概率，所以它们的总和必须是100%。不可能同时有80%的概率是setosa、75%的概率是virginica、20%的概率是versicolour——这种结果是毫无意义的。

要将输入数据分为3个鸢尾花物种之一，则对于这3个物种中的每一个，你都需要一个输出神经元。输出神经元并不指定这3个物种各自的概率。因此，我们期望提供的这些概率总和为100%。而神经网络将告诉你，花朵属于这3个物种中每一个的概率。要获得概率，

请使用公式 1-7 中的 Softmax 函数：

$$\phi_i = \frac{e^{z_i}}{\sum_{j \in group} e^{z_j}} \tag{1-7}$$

在公式 1-7 中，i 表示正在计算的输出神经元（o）的索引，j 表示该组/级别中所有神经元的索引。变量 z 表示输出神经元的数组。请务必注意，Softmax 激活函数的计算方法与本章中的其他激活函数不同。在使用 Softmax 作为激活函数时，单个神经元的输出取决于其他输出神经元。在公式 1-7 中，你可以观察到其他输出神经元的输出包含在变量 z 中，而本章中的其他激活函数均未使用 z。清单 1-1 用伪代码实现了 Softmax 激活函数。

清单 1-1　Softmax 激活函数

```
def softmax(neuron_output):
  sum = 0
  for v in neuron_output:
    sum = sum + v

  sum = math.exp(sum)
  proba = [ ]
  for i in range(len(neuron_output)):
    proba[i] = math.exp(neuron_output[i])/sum
  return proba
```

请考虑一个训练好的神经网络，它将数据分为三类，如 3 个鸢尾花物种。在这种情况下，你将为每个目标分类使用一个输出神经元。请考虑神经网络要输出以下内容：

```
Neuron 1: setosa: 0.9
Neuron 2: versicolour: 0.2
Neuron 3: virginica: 0.4
```

从上面的输出中我们可以清楚地看到，神经网络认为数据代表了 setosa 鸢尾花。但是，这些值不是概率。值 0.9 不表示数据有 90% 的概率代表 setosa。这些值的总和为 1.5。要将它们视为概率，它们的总和必须为 1。该神经网络的输出向量如下：

```
[0.9, 0.2, 0.4]
```

如果将此向量提供给 Softmax 激活函数，则返回以下向量：

```
[0.47548495534876745, 0.2361188410001125, 0.28839620365112]
```

以上 3 个值的总和为 1，可以视为概率。由于向量中的第一个值四舍五入为 0.48（48%），因此数据表示 setosa 的概率为 48%。你可以通过以下方式计算该值：

```
sum=exp(0.9)+exp(0.2)+exp(0.4)=5.17283056695839
j0=exp(0.9)/sum=0.47548495534876745
j1=exp(0.2)/sum=0.2361188410001125
j2=exp(0.4)/sum=0.28839620365112
```

1.4.2 偏置扮演什么角色？

在 1.3 节中看到的激活函数指定了单个神经元的输出。神经元的权重和偏置（bias）共同决定了激活的输出，以产生期望的输出。要查看这个过程如何发生，请考虑公式 1-8。它表示了单输入的 S 型激活神经网络：

$$f(x,w,b)=\frac{1}{1+\mathrm{e}^{-(wx+b)}} \tag{1-8}$$

变量 x 表示神经网络的单个输入。w 和 b 变量指定了神经网络的权重和偏置。公式 1-8 是一种组合，包含了指定神经网络的公式 1-1 和指定 S 型激活函数的公式 1-4。

通过调整神经元的权重可以调整激活函数的斜率或形状。图 1-12 展示了权重变化对 S 型激活函数输出的影响。

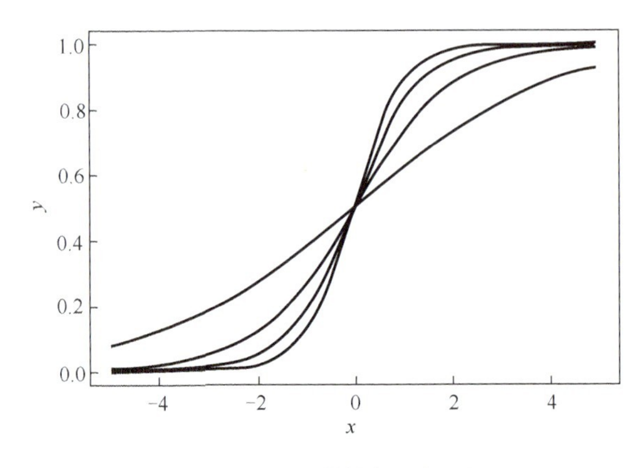

图1-12 调整神经元权重

图 1-12 展示了使用以下参数的多个 S 型曲线：

```
f(x, 0.5, 0.0)
f(x, 1.0, 0.0)
f(x, 1.5, 0.0)
f(x, 2.0, 0.0)
```

为了生成这些曲线，我们没有使用偏置，这很显然，因为每种情况下第 3 个参数都是 0。使用 4 个权重值会在图 1-12 中产生 4 条不同的 S 型曲线。无论权重如何，当 x 为 0 时我们总是得到相同的值 0.5，因为当 x 为 0 时所有曲线都到达同一点。当输入接近 0.5 时，我们可能需要神经网络产生其他值。

调整偏置会使 S 型曲线发生移动，这使得当 x 接近 0 时，该函数取值不为 0.5。图 1-13 展示了权重为 1.0 时，偏置变化对 S 型激活函数输出的影响。

图 1-13 展示了具有以下参数的多条 S 型曲线：

```
f(x, 1.0, 1.0)
f(x, 1.0, 0.5)
f(x, 1.0, 1.5)
f(x, 1.0, 2.0)
```

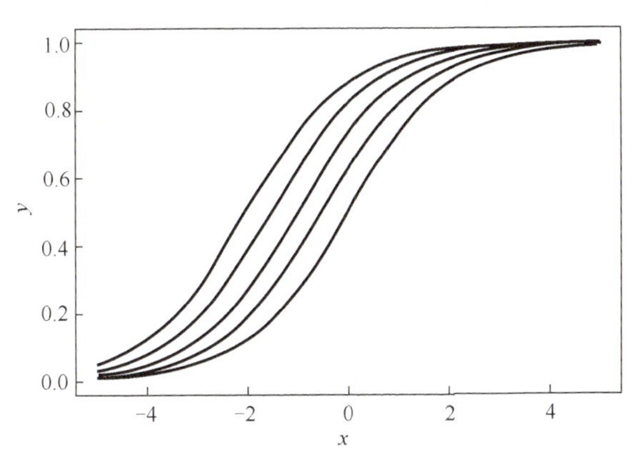

图1–13 调整神经元偏置

这些函数的权重均为 1.0。当我们调整不同的偏置时，S 型曲线向左或向右移动。由于所有曲线在右上角或左下角发生合并，因此并不是完全的移位。

当我们将偏置和权重放在一起时，它们生成了一条曲线，该曲线创建了神经元所需的输出。以上曲线仅是一个神经元的输出。在一个完整的神经网络中，许多不同神经元的输出将合并，以产生复杂的输出模式。

1.5 神经网络逻辑

作为计算机程序员，你可能熟悉逻辑编程。你可以使用编程运算符 AND、OR 和 NOT 来控制程序的决策方式。这些逻辑运算符通常定义了神经网络中权重和偏置的实际含义。考虑以下真值表：

```
0 AND 0 = 0
1 AND 0 = 0
0 AND 1 = 0
1 AND 1 = 1
```

```
0 OR 0 = 0
1 OR 0 = 1
0 OR 1 = 1
1 OR 1 = 1
NOT 0 = 1
NOT 1 = 0
```

真值表指定如果 AND 运算符的两边均为真，则最终输出也为真。在所有其他情况下，AND 的结果均为假。这个定义非常适合英文单词“and”。如果你想要一栋风景宜人“且”有大后院的房子，那么这个房子必须同时满足这两个条件才能选择。如果你想要一间视野开阔“或”后院很大的房子，那么这个房子只需要满足一个条件就可以了。

这些逻辑语句可能变得更加复杂。请考虑如果你想要一间视野开阔且后院很大的房子，但是，你对后院较小但在公园附近的房子也会感到满意。你可以通过以下方式表示这一想法：

```
([nice view] AND [large yard]) OR ((NOT [large yard]) and [park])
```

你可以使用以下逻辑运算符来表示前面的语句：

$$(NV \land LY) \lor (\neg LY \land PK) \tag{1-9}$$

在上面的语句中，OR（$\lor$）看起来像字母“v”，AND（$\land$）看起来像颠倒的“v”，而 NOT（¬）看起来像半个方框。

我们可以使用神经网络来表示 AND、OR 和 NOT 的基本逻辑运算符，如图 1-14 所示。

图 1-14 展示了 3 个基本逻辑运算符的权重和偏置权重。你可以用公式 1-1 轻松计算所有这些运算符的输出。请考虑具有两个“真”（1）输入的 AND 运算符：

```
(1 * 1) + (1 * 1) + (-1.5) = 0.5
```

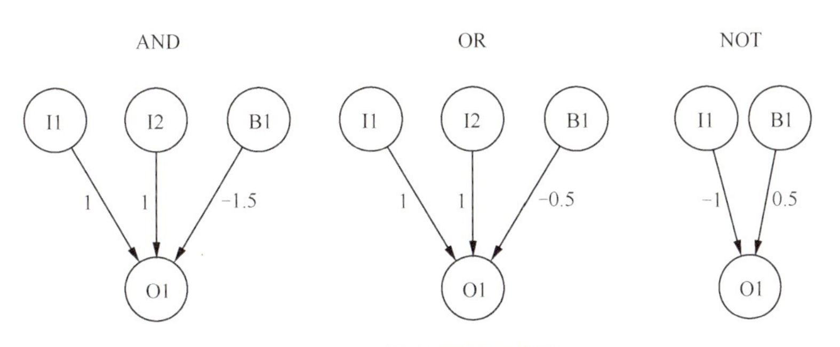

图1-14　基本逻辑运算符

这里我们用的是阶跃激活函数。因为 0.5 大于或等于 0.5，所以输出为 1，即真。我们可以计算一个输入为假的表达式：

```
(1 * 1) + (0 * 1) + (-1.5) = -0.5
```

由于我们采用阶跃激活函数，因此这个输出为 0，即假。

我们可以利用这些神经元构建更复杂的逻辑结构。考虑具有以下真值表的异或运算符：

```
0 XOR 0 = 0
1 XOR 0 = 1
0 XOR 1 = 1
1 XOR 1 = 0
```

XOR 运算符规定，它的一个输入（但不是两个输入）为真时，结果为真。如两辆车中的一辆将赢得比赛，但并非两辆都获胜。可以使用基本的 AND、OR 和 NOT 运算符编写 XOR 运算符，如下所示：

$$p \oplus q=(p \vee q) \wedge \neg(p \wedge q) \tag{1-10}$$

带圆圈的加号是XOR运算符的符号，p 和 q 是要评估的两个输入。如果你明白 XOR 运算符的含义是 p 或 q，但不是同时 p 和 q，那么上述表达式的意义就清楚了。图 1-15 展示了可以表示 XOR 运算符的神

经网络。

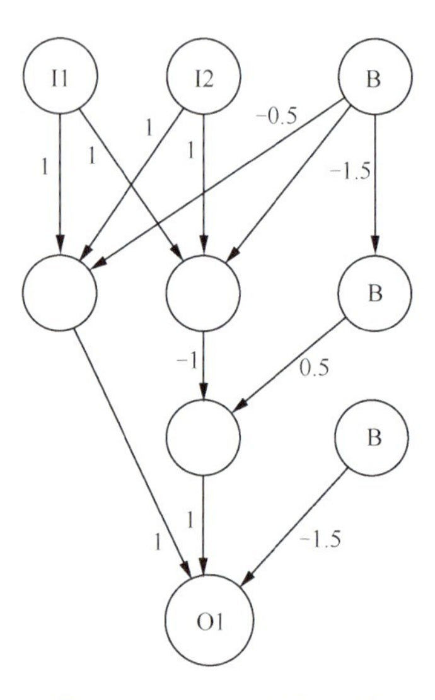

图1-15 XOR神经网络

计算上述神经网络需要几个步骤。首先，必须为每个直接连接到输入的节点计算值。上述神经网络有两个节点。我们将展示用输入 [0,1] 来计算 XOR 的例子。我们首先计算两个最上面的未标记（隐藏）节点：

```
(0 * 1) + (1 * 1) - 0.5 = 0.5 = True
(0 * 1) + (1 * 1) - 1.5 = -0.5 = False
```

接下来，我们计算未标记（隐藏）的下部节点：

```
(0 * -1) + 0.5 = 0.5 = True
```

最后，我们计算 O1：

```
(1 * 1) + (1 * 1) -1.5 = 0.5 = True
```

如你所见，你可以手动连接神经网络中的连线以产生所需的输出，但是，手动创建神经网络非常烦琐。本书后文将介绍几种算法，它们可以自动确定权重和偏置。

1.6 本章小结

在本章中，我们展示了神经网络由神经元、层和激活函数组成。从根本上说，神经网络中的神经元本质上可能是输入、隐藏或输出神经元。输入和输出神经元将信息传入和传出神经网络。隐藏神经元出现在输入和输出神经元之间，有助于处理信息。

激活函数可缩放神经元的输出。我们也介绍了几种激活函数。两种最常见的激活函数是S型激活函数和双曲正切激活函数。S型激活函数适用于只需要正输出的神经网络。双曲正切激活函数支持正输出和负输出。

神经网络可以构建逻辑表达式，我们展示了如何生成AND、OR和NOT运算符的权重。使用这3个基本运算符，你可以构建更复杂的逻辑表达式。我们提供了一个构建XOR运算符的示例。

既然我们已经了解了神经网络的基本结构，我们将在接下来的内容中探索几种经典的神经网络，以便你可以使用这种抽象结构。经典的神经网络结构包括自组织映射、霍普菲尔德神经网络和玻尔兹曼机等。这些经典的神经网络构成了我们在本书中介绍的其他结构的基础。

第2章 自组织映射

本章要点：

- 自组织映射；
- 邻域函数；
- 无监督训练；
- 维度。

既然已经探索了第1章介绍的神经网络的抽象性质，接下来你将学习几种经典的神经网络。本章介绍当今仍然有用的、最早的一种神经网络。由于神经元可以通过各种方式连接，因此存在许多不同的神经网络架构，它们基于第1章“神经网络基础”的基本思想。我们从自组织映射（Self-Organizing Map，SOM）开始研究经典神经网络。

人们利用SOM，将神经网络的输入数据分类。将训练数据和希望将这些数据分类的组数一同提供给SOM。在训练期间，SOM会将这些数据分组。特征最相似的数据将被分在一起。这个过程与聚类算法（如K均值）非常相似。但是，与仅对一组初始数据进行分组的K均值不同，SOM可以继续对除用于训练的初始数据集之外的新数据进行分类。与本书中的大多数神经网络不同，SOM是无监督的——你不会告诉它期望训练数据归入哪些组。SOM会根据你的训练数据简单地确定这些组本身，然后将未来的所有数据分为相似的组。将来的分类利用了 SOM 从训练数据中学到的内容。

2.1 自组织映射和邻域函数

Kohonen（1988）引入了 SOM，这是一个由输入层和输出层组成的神经网络。两层 SOM 也被称为 Kohonen 神经网络，在输入层将数据映射到输出层时起作用。当程序将模式提供给输入层时，如果输出神经元包含与输入最相似的权重，它就被认为是赢家。通过比较来自每个输出神经元的权重集之间的欧氏距离，来计算这种相似性，欧氏距离最短者获胜。计算欧氏距离是下文的重点。

与第 1 章中讨论的前馈神经网络不同，SOM 中没有偏置。它仅具有从输入层到输出层的权重。此外，它仅使用了线性激活函数。图 2-1 展示了 SOM。

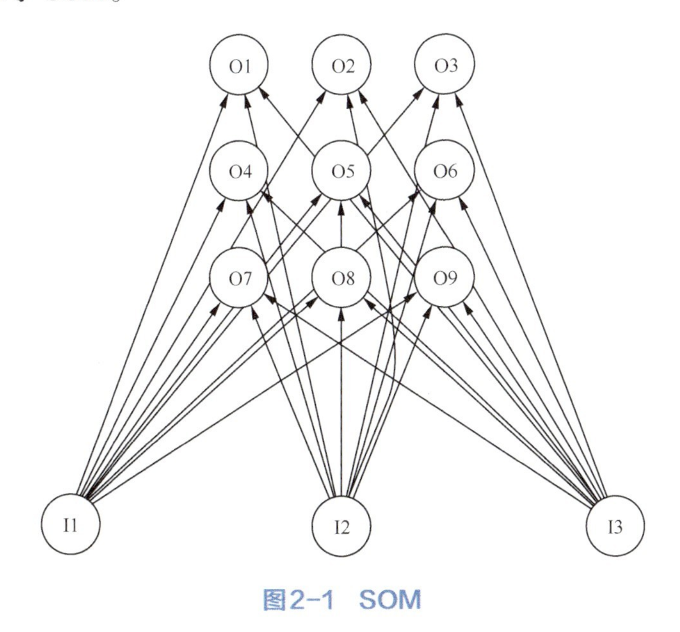

图2-1　SOM

图 2-1 中的 SOM 展示了程序如何将 3 个输入神经元映射到 9 个输

出神经元，它们以 3×3 网格的方式排列。SOM 的输出神经元通常排列成网格、立方体或其他高维构造。因为大多数神经网络中输出神经元的排序通常根本不表达任何意义，所以这种安排有很大不同。如在大多数神经网络中，一个输出神经元与另一个输出神经元的接近程度并不重要。但对于 SOM，一个输出神经元与另一个输出神经元的接近程度很重要。计算机视觉应用程序利用神经元的接近程度来更准确地识别图像。卷积神经网络（将在第 10 章“卷积神经网络”中探讨）根据这些输入神经元彼此之间的接近程度，将神经元分组为重叠的区域。识别图像时，考虑哪些像素彼此靠近非常重要。程序通过查看彼此附近的像素来识别如边缘、实心区域和线条之类的模式。

SOM 的输出神经元的常见结构如下。

- 一维：输出神经元排列成一行。
- 二维：输出神经元排列在网格中。
- 三维：输出神经元排列成立方体。

现在，我们将看到如何构造一个简单的 SOM，它学习识别以 RGB 向量的形式给出的颜色。单个红色、绿色和蓝色值的范围可以在 −1 ~ +1。−1 表示黑色或没有颜色，而 +1 表示红色、绿色或蓝色的完整强度。这些三色分量构成了神经网络输入。

输出是一个 2 500 个神经元的网格，排列成 50 行 ×50 列。在这个输出网格中，该 SOM 将类似的颜色组织到相近的位置。图 2-2 展示了这个输出。

图2-2 输出网格

尽管图 2-2 在本书的黑白版本中可能不像在彩色电子版中那样清晰，但是你可以看到相似的颜色彼此组合在一起。单个的、基于颜色的 SOM 是一个非常简单的示例，让你能够看到 SOM 的分组能力。

如何训练 SOM？训练过程将更新权重矩阵，它是 3×2 500 的矩阵。首先，程序将权重矩阵初始化为随机值。然后，它随机选择 15 种训练颜色。

训练将通过一系列迭代进行。与其他神经网络不同，SOM 的训练包含固定数量的迭代。为了训练基于颜色的 SOM，我们将使用 1 000 次迭代。

每次迭代将从训练集中选择一个随机颜色样本，该样本是 RGB 颜色向量的集合，每个向量由 3 个数字组成。同样，2 500 个输出神经元和 3 个输入神经元之间的权重是由 3 个数字组成的向量。随着训练的进行，程序将计算每个权重向量与当前训练模式之间的欧氏距离。欧氏距离确定相同尺寸的两个向量之间的差。在这种情况下，两个向量都代表 RGB 颜色，由 3 个数字组成。我们将训练数据中的颜色与每个神经元的 3 个权重进行比较。公式 2-1 给出了欧氏距离的计算：

$$d(\boldsymbol{p},\boldsymbol{w})=\sqrt{\sum_{i=1}^{n}(p_i-w_i)^2} \tag{2-1}$$

在公式 2-1 中，变量 $\boldsymbol{p}$ 表示训练模式，变量 $\boldsymbol{w}$ 表示权重向量。对每个向量分量之间的差取平方，并取所得和的平方根，计算出欧氏距离。该计算测量了每个权重向量和输入训练模式之间的差异。

程序为每个输出神经元计算欧氏距离，距离最短的神经元称为最佳匹配单元（Best Matching Unit，BMU）。该神经元将从当前的训练模式中学到最多的知识，BMU 的邻居将学到较少。为了执行此训练，程序会在每个神经元上循环并确定应训练的程度。靠近 BMU 的神经元将接受更多训练。公式 2-2 可以做出这个决定：

$$\boldsymbol{W}_v(t+1)=\boldsymbol{W}_v(t)+\theta(v,t)\alpha(t)(\boldsymbol{D}(t)-\boldsymbol{W}_v(t)) \quad (2\text{-}2)$$

在公式2-2中，变量t（也称为迭代次数）代表时间。该公式的目的是计算得到权重向量$\boldsymbol{W}_v(t+1)$。通过累加当前权重向量$\boldsymbol{W}_v(t)$来确定下一个权重向量。最终目标是计算当前权重向量与输入向量之间的差异，这由公式2-2中的子项$\boldsymbol{D}(t)-\boldsymbol{W}_v(t)$完成。训练SOM是使神经元的权重与训练元素更相似的过程。我们不想简单地将训练元素分配给输出神经元权重，使它们相同。作为替代，我们计算训练元素和神经元权重之间的差异，并通过将它乘以两个比率来缩放此差异。用θ（theta）表示的第一个比率是邻域函数，用α（alpha）表示的第二个比率是单调递减的学习率。换言之，随着训练的进行，学习率持续下降，不会上升。

邻域函数考虑每个输出神经元与BMU的距离。对于较近的神经元，邻域函数将返回接近1的值；对于较远的邻域，邻域函数将返回接近0的值。这个0～1的范围控制了训练近邻和远邻的方式。较近的邻居将获得更多的权重调整训练。在2.1.1小节中，我们将分析邻域函数如何调整训练。除了邻域函数外，学习率也缩放了程序调整输出神经元的程度。

2.1.1 理解邻域函数

邻域函数确定每个输出神经元应从当前训练模式中接受训练调整的程度。该函数通常为BMU返回值1，该值表示BMU应该接受最多的训练，远离BMU的神经元将接受较少的训练。邻域函数用于确定这个权重。

如果输出神经元仅按一维的结构排列，就应使用简单的一维邻域函数。该函数将输出视为一长串数字，如一维神经网络可能有100个输出神经元，这些神经元形成一个长单维数组，由 100 个值组成。

二维 SOM 可能同样会使用 100 个值，并将它们表示为网格，可能是 10 行 10 列。二维 SOM 实际结构保持不变，神经网络有 100 个输出神经元，唯一的区别是邻域函数。一维 SOM 会使用一维邻域函数，二维会使用二维邻域函数。函数必须考虑这个附加维度，并将它作为影响返回距离的因素。

邻域函数还可以是具有三维、四维，甚至更多维度的函数。通常，邻域函数以向量形式表示，因此维度无关紧要。为了表示维度，领域函数会采用所有输入的欧氏范数（用两对竖线表示），如公式 2-3 所示：

$$\|\boldsymbol{p}-\boldsymbol{w}\|=\sqrt{\sum_{i=1}^{n}(p_i-w_i)^2} \tag{2-3}$$

对于公式 2-3，变量 $\boldsymbol{p}$ 表示有维度的输入，变量 $\boldsymbol{w}$ 代表权重向量。一维向量 $\boldsymbol{p}$ 只有一个值。一维向量 (2−0) 的欧氏范数计算如下：

$$\|(2-0)\|=\sqrt{2^2}=2 \tag{2-4}$$

计算二维向量 (2−0,3−0) 的欧氏范数稍微复杂一点：

$$\|(2-0,3-0)\|=\sqrt{2^2+3^2}=3.605\,551 \tag{2-5}$$

对于 SOM，最受欢迎的选择是二维邻域函数，一维邻域函数也很常见，但是，具有 3 个或 3 个以上维度的邻域函数较为罕见。实际上，维度的选择取决于程序员对输出神经元彼此相邻有多少种方式的决定。这个决定不应草率，因为每个额外的维度都会显著影响所需的内存量和处理能力。这种额外的处理导致大多数程序员都会为 SOM 应用程序选择两三个维度。

可能很难理解为什么你可能拥有 3 个以上的维度。以下类比说明了 3 个维度的局限性。在杂货店里，约翰注意到一包苹果干。当他向

左或向右转动头，在第1维中扫视时，他看到了其他品牌的苹果干。如果他向上或向下看，在第2维中扫视，他会看到其他类型的零食。第3维度（即深度）只是给了他更多完全相同的苹果干。他朝前一包苹果干的后面看，发现了更多库存。但是，没有第4维度，如果有的话，它可以允许新鲜苹果位于苹果干附近。因为超级市场只有3个维度，所以这种类型的链接是不可能的。程序员没有这种限制，他们必须决定是否需要额外的处理时间，以获得更多维度的好处。

高斯函数是邻域函数的流行选择。公式2-6使用欧氏范数来计算任意维度的高斯函数：

$$f(\boldsymbol{x},\boldsymbol{c},\boldsymbol{w}) = \mathrm{e}^{-(\boldsymbol{w}\|\boldsymbol{x}-\boldsymbol{c}\|)^2} \tag{2-6}$$

变量 $\boldsymbol{x}$ 代表高斯函数的输入，$\boldsymbol{c}$ 代表高斯函数的中心，$\boldsymbol{w}$ 代表宽度。变量 $\boldsymbol{x}$、$\boldsymbol{w}$ 和 $\boldsymbol{c}$ 都是具有多个维度的向量。图2-3展示了一维高斯函数。

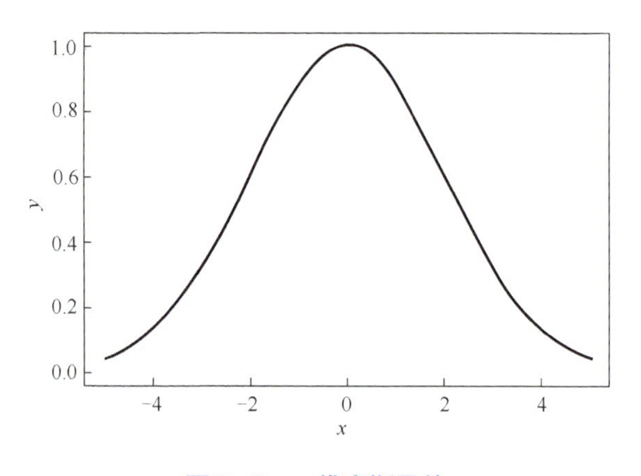

图2-3 一维高斯函数

图2-3说明了为什么高斯函数是邻域函数的流行选择。程序员经常使用高斯函数来显示正态分布或钟形曲线。如果当前输出神经元是BMU，则其距离（x 坐标）将为0。因此，训练百分比（y 坐标）为1（100%）。随着距离向正、负方向增加，训练百分比减小。一旦距离

足够大，训练百分比将接近 0。

如果高斯函数的输入向量具有两个维度，则图像如图 2-4 所示。

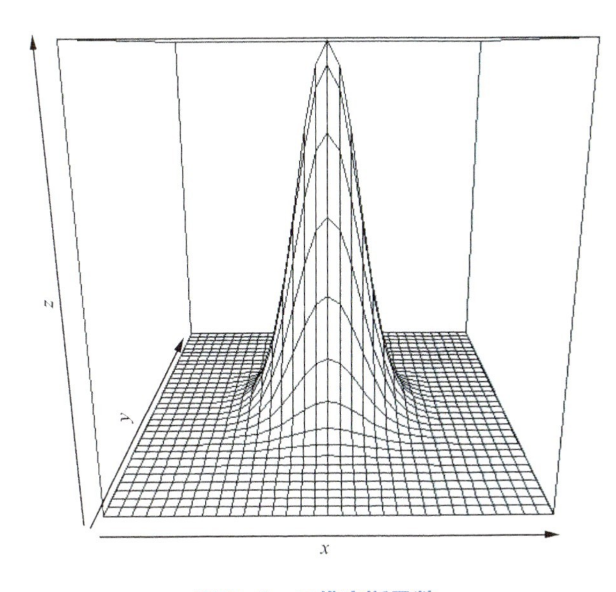

图2-4　二维高斯函数

算法如何在神经网络中使用高斯常数？邻域函数的中心（c）始终为 **0**，该函数以原点为中心。如果算法将中心从原点移开，则 BMU 以外的神经元将获得充分的学习。但你可能不太想将中心移离原点。对于多维高斯函数，将所有中心设置为 0，以便将曲线定位在原点。

剩下的唯一高斯参数是宽度。你应该将此参数设置为稍微小于网格或数组的整个宽度的值。随着训练的进行，宽度逐渐减小。与学习率一样，宽度应该单调减小。

2.1.2　墨西哥帽邻域函数

尽管高斯函数是最流行的，但它并不是唯一可用的邻域函数。雷

克波（Ricker wave）或墨西哥帽（Mexican hat）函数是另一种流行的邻域函数。与高斯邻域函数一样，x 维的向量是墨西哥帽函数的基础，如公式 2-7 所示：

$$f(\boldsymbol{x},\boldsymbol{c},\boldsymbol{w})=\left(1-\frac{\|\boldsymbol{x}-\boldsymbol{c}\|^2}{\boldsymbol{w}}\right)\mathrm{e}^{-\frac{\|\boldsymbol{x}-\boldsymbol{c}\|^2}{2\boldsymbol{w}}} \tag{2-7}$$

与高斯函数基本相同，程序员可以在一个或多个维度上使用墨西哥帽函数。图 2-5 展示了一维墨西哥帽函数。

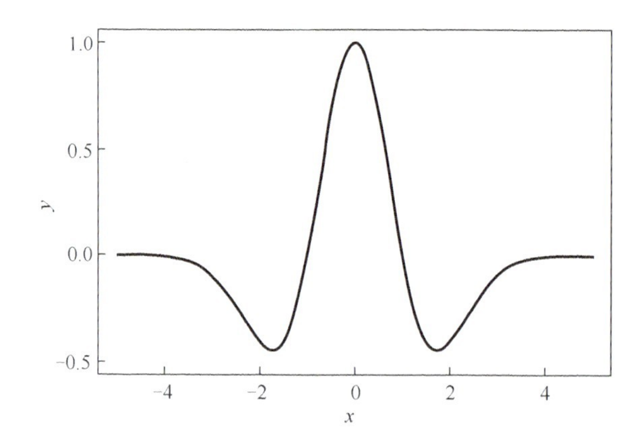

图2-5　一维墨西哥帽函数

你必须意识到，墨西哥帽函数会对距离中心 2 ~ 4 或 −2 ~ −4 单位的邻居造成不利影响。如果你的模型试图对附近未命中的位置罚分，那么墨西哥帽函数是一个不错的选择。

你也可以在两个或更多个维度上使用墨西哥帽函数。图 2-6 展示了二维墨西哥帽函数。

与一维墨西哥帽函数一样，二维的墨西哥帽函数也会对附近未命中的位置造成不利影响。唯一的区别是二维墨西哥帽函数使用二维向量，与一维变量相比，二维向量看起来更像墨西哥草帽。尽管可以使用超过两个维度，但是由于我们以三维的方式感知空间，因此很难让这些更多维度的变体可视化。

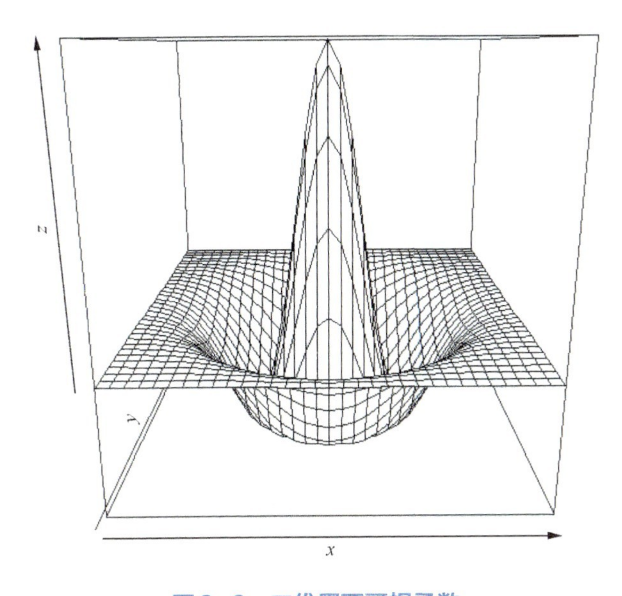

图2-6　二维墨西哥帽函数

2.1.3　计算 SOM 误差

监督训练通常会报告误差度量，该误差度量会随着训练的进行而减少。无监督模型（如 SOM）无法直接计算误差，因为没有预期的输出，但是，可以为 SOM 计算误差的估计值[①]。

我们将误差定义为训练迭代中所有 BMU 的最长欧氏距离。每个训练集元素都有其自己的 BMU。随着学习的进行，最长的欧氏距离应减少。结果也表明了 SOM 训练的成功，因为随着训练的进行，该值将趋于下降。

① Masters，1993。

2.2 本章小结

在前文中，我们解释了几种经典的神经网络。自从 Pitts（1943）引入神经网络以来，人们已经发明了许多不同的神经网络类型。我们主要集中在仍有相关性的经典神经网络上，这些神经网络为我们在本书后续内容中介绍的其他架构奠定了基础。

本章重点介绍了 SOM，它是可以对数据进行聚类的无监督神经网络。SOM 的输入神经元个数等于要进行聚类的数据的属性数。输出神经元个数等于应将数据聚类到的组数。SOM 以无监督的方式进行训练。换言之，其只有数据点被提供给神经网络，没有提供预期的输出。SOM 学习对数据点进行聚类，尤其是与训练过的数据点相似的数据点。

在第 3 章中，我们将研究另外两种经典的神经网络：霍普菲尔德神经网络和玻尔兹曼机。这两种神经网络有些相似，因为它们在训练过程中都使用能量函数。能量函数测量神经网络中的能量。随着训练的进行，能量将随着神经网络的学习而减少。

第3章

霍普菲尔德神经网络和玻尔兹曼机

本章要点：

- 霍普菲尔德神经网络；
- 能量函数；
- Hebbian 学习；
- 关联记忆；
- 优化；
- 玻尔兹曼机。

本章将介绍霍普菲尔德神经网络和玻尔兹曼机。尽管这两种经典神经网络都没有在现代 AI 应用程序中广泛使用，但两者都是现代算法的基础。玻尔兹曼机构成了深度信念神经网络（Deep Belief Neural Network，DBNN）的基础，它是深度学习的基本算法之一。霍普菲尔德神经网络是一种非常简单的神经网络，它具备许多特性，这些特性也是更复杂的前馈神经网络所具有的。

3.1 霍普菲尔德神经网络

霍普菲尔德神经网络[①]也许是最简单的神经网络，因为它是一个完全连接的单层自动关联神经网络。换言之，它只有一层，其中每个神经元都彼此相连。此外，术语“自动关联”是指神经网络在识别出模式后会返回整个模式，神经网络将补全不完整模式或失真模式。

图 3-1 展示了只有 4 个神经元的霍普菲尔德神经网络。四神经元网络非常方便，因为它足够小，方便可视化，且可以识别一些模式。

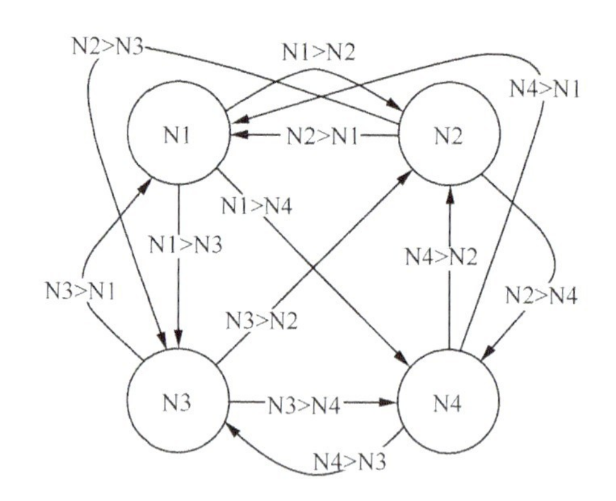

图3-1 具有12个连接的霍普菲尔德神经网络

因为霍普菲尔德神经网络中的每个神经元都彼此相连，所以你可能会假设四神经元网络将包含 4×4 的矩阵，即 16 个连接。但是，16 个连接要求每个神经元与其自身和每个其他神经元都连接。在霍普菲尔德神经网络中，不会有 16 个连接，其实际的连接数为 12。

这些连接被加权并存储在矩阵中。4×4 的矩阵将存储图 3-1 所示的网络。实际上，这个矩阵的对角线是 0，因为没有自连接。本书中的所有神经网络示例都将使用某种形式的矩阵来存储其权重。

① Hopfield，1982。

霍普菲尔德神经网络中的每个神经元的状态为真（1）或假（−1）。这些状态最初是霍普菲尔德神经网络的输入，最终成为神经网络的输出。要确定霍普菲尔德神经元的状态是 −1 还是 1，请使用公式 3-1：

$$s_i = \begin{cases} +1, & \sum_j w_{ij} s_j \geqslant \theta_j \\ -1, & \text{其他} \end{cases} \tag{3-1}$$

公式 3-1 计算神经元 i 的状态。给定神经元的状态很大程度上取决于其他神经元的状态。该公式将其他神经元（j）的权重（w）和状态（s）相乘并进行累加。本质上，如果此总和大于阈值（θ），则当前神经元（i）的状态为 +1，否则为 −1。阈值通常为 0。

由于单个神经元的状态取决于其他神经元的状态，因此该公式计算神经元的顺序非常重要。程序员经常采用以下两种策略来计算霍普菲尔德神经网络中所有神经元的状态。

- 异步：这种策略一次仅更新一个神经元。它随机选择神经元。
- 同步：它同时更新所有神经元。该方法不太符合现实世界，因为生物有机体缺乏使神经元同步的全局时钟。

通常，你应该运行一个霍普菲尔德神经网络，直到所有神经元的状态稳定下来。尽管每个神经元的状态都依赖于其他神经元的状态，但神经网络通常会收敛到稳定状态。

重要的是要对神经网络收敛到稳定状态的距离有一些指标。你可以计算霍普菲尔德神经网络的能量值。随着霍普菲尔德神经网络转向更稳定的状态，该值逐步减小。要评估神经网络的稳定性，可以使用能量函数。公式 3-2 展示了能量函数：

$$E = -\left(\sum_{i<j} w_{ij} s_i s_j + \sum_i \theta_i s_i \right) \tag{3-2}$$

本章后面要讨论的玻尔兹曼机也利用了这种能量函数。玻尔兹曼机与霍普菲尔德神经网络具有许多相似之处。当阈值为0时，公式3-2中等号右边的第二项就会消失。清单3-1包含实现公式3-2的代码。

清单3-1 霍普菲尔德能量

```
def energy(weights,state,threshold):
  # First term
  a = 0
  for i in range(neuron_count):
    for j in range(neuron_count):
      a = a + weight[i][j] * state[i] * state[j]

  a = a * -0.5
  # Second term
  b = 0
  for i in range(neuron_count):
    b = b + state[i] * threshold[i]

  # Result
  return a + b
```

训练霍普菲尔德神经网络

你可以训练霍普菲尔德神经网络安排其权重，使得该神经网络收敛到所需模式（也称为训练集）。

这些期望的模式是一个模式列表，对于构成玻尔兹曼机的每个神经元有一个布尔值。以下数据可能代表具有8个神经元的霍普菲尔德神经网络的一个训练集，包含4个模式：

```
1 1 0 0 0 0 0 0
0 0 0 0 1 1 0 0
1 0 0 0 0 0 0 1
0 0 0 1 1 0 0 0
```

以上数据完全是任意的。但是，它们确实代表了训练霍普菲尔德神经网络的实际模式。训练后，类似于下面的模式应该与训练集中的一个近似的模式匹配：

```
1 1 1 0 0 0 0 0
```

因此，霍普菲尔德神经网络的状态应变更为以下模式：

```
1 1 0 0 0 0 0 0
```

你可以通过Hebbian[①]或Storkey[②]学习来训练霍普菲尔德神经网络。Hebbian 学习过程在生物学上是合理的，通常表示为“细胞如果一起激活，就连接在一起”。换言之，如果两个神经元经常对相同的输入刺激做出反应，则它们将被连接起来。公式 3-3 从数学上总结了这种行为：

$$w_{ij} = \frac{1}{n}\sum_{\mu=1}^{n}\varepsilon_i^{\mu}\varepsilon_j^{\mu} \tag{3-3}$$

常数 n 代表训练集元素 ε（epsilon）的数量。权重矩阵是方阵，包含等于神经元数量的行和列。对角线元素总是 0，因为神经元未与其自身连接。矩阵中的其他位置将包含一些值，指定训练模式中两个值是 +1 或 −1 的概率。清单 3-2 包含了实现公式 3-3 的代码。

清单3-2　霍普菲尔德的Hebbian训练

```
def add_pattern(weights,pattern,n):
  for i in range(neuron_count):
    for j in range(neuron_count):
      if i==j:
        weights[i][j] = 0
      else:
```

① Hopfield，1982。

② Storkey，1999。

```
weights[i][j] = weights[i][j]
   +((pattern[i] * pattern[j])/n)
```

我们应用 add_pattern 方法来添加每个训练元素。参数 weights 指定权重矩阵，参数 pattern 指定每个单独的训练元素，参数 n 指定训练集中的元素数量。

公式和代码可能不足以展示从输入模式生成权重的过程。为了让这个过程可视化，我们在以下网址提供了一个在线 JavaScript 应用程序：

```
http://www.heatonresearch.com/aifh/vol3/hopfield.html
```

考虑将以下数据用于训练霍普菲尔德神经网络：

```
[1, 0, 0, 1]
[0, 1, 1, 0]
```

上述数据应生成如图 3-2 所示的权重矩阵。

	0	1	2	3
0	0	0	0	0.5
1	0	0	0.5	0
2	0	0.5	0	0
3	0.5	0	0	0

图3-2 权重矩阵

要计算上述矩阵，用 1 除以训练集元素的数量，结果是 1/2，即 0.5。值 0.5 放置在训练集中包含 1 的每个行列位置上。如第一个训练元素在神经元 #0 和 #3 中的值为 1，则将 0.5 添加到第 0 行第 3 列和第 3 行第 0 列。对于其他训练集元素，继续执行相同的过程。

霍普菲尔德神经网络的另一种常见训练算法是 Storkey 算法。与刚刚描述的 Hebbian 算法相比，由 Storkey 算法训练的霍普菲尔德神经网络的模式能力更强。Storkey 算法比 Hebbian 算法更复杂。

Storkey 算法的第一步是计算一个名为"本地字段"（local field）的值。利用公式 3-4 计算该值：

$$h_{ij} = \sum_{k=1,k\neq i,j} w_{ik}\varepsilon_k \quad (3\text{-}4)$$

我们针对每个权重元素（i 和 j）计算本地字段值（$\boldsymbol{h}$）。和以前一样，我们使用权重（$\boldsymbol{w}$）和训练集元素（$\boldsymbol{\varepsilon}$）。清单 3-3 提供了计算本地字段的代码。

清单3-3　计算Storkey本地字段

```
def calculate_local_field(weights, i, j, pattern):
  sum = 0
  for k in range(len(pattern)):
    if k != i:
      sum = sum + weights[i][k] * pattern[k]
  return sum
```

公式 3-5 利用本地字段值计算所需的变化：

$$\Delta w_{ij} = \frac{1}{n}\varepsilon_i\varepsilon_j - \frac{1}{n}\varepsilon_i h_{ij} - \frac{1}{n}\varepsilon_j h_{ij} \quad (3\text{-}5)$$

清单 3-4 计算了权重增量的值。

清单3-4　计算权重增量

```
def add_pattern(weights, pattern):
  sum_matrix = matrix(len(pattern),len(pattern))
  n = len(pattern)
  for i in range(n):
    for j in range(n):
```

```
        t1 = (pattern[i] * pattern[j])/n
        t2 = (pattern[i] *
           calculate_local_field(weights,j,i,pattern))/n
        t3 = (pattern[j] *
           calculate_local_field(weights,i,j,pattern))/n
        d = t1-t2-t3;
        sum_matrix[i][j] = sum_matrix[i][j] + d
    return sum_matrix
```

一旦计算了权重增量，就可以将它们添加到已有的权重矩阵中。如果还没有权重矩阵，只需让增量权重矩阵成为权重矩阵即可。

3.2 Hopfield-Tank 神经网络

在 3.1 节中，你了解了霍普菲尔德神经网络可以记住模式。除此之外，它们还可以用于优化问题，如旅行商问题。Hopfield 和 Tank（1984）引入了一种特殊的变体，即 Hopfield-Tank 神经网络，用于寻找优化问题的解。

Hopfield-Tank 神经网络的结构与标准霍普菲尔德神经网络有所不同。常规霍普菲尔德神经网络中，神经元只能保存两个离散值（0 或 1），但是，Hopfield-Tank 神经元可以保存 0 ~ 1 的任何数字。Hopfield-Tank 神经网络可保存一个范围内的连续值。另一个重要的区别是 Hopfield-Tank 神经网络使用 S 型激活函数。

要使用 Hopfield-Tank 神经网络，必须创建专门的能量函数来表达要解决的每个问题的参数，但是，创建这种能量函数是一项耗时的任务。Hopfield 和 Tank（2008）演示了如何为旅行商问题构建能量函数。其他优化算法，如模拟退火和 Nelder-Mead，不需要创建复杂的能量函数。这些通用优化算法通常比旧的 Hopfield-Tank 优化算法表现更好。

由于其他算法通常是进行优化的更好选择，因此本书不介绍优化 Hopfield-Tank 神经网络。Nelder-Mead 和模拟退火在本系列图书卷 1《基础算法》中进行了介绍。第 6 章“反向传播训练”将回顾随机梯度下降（Stochastic Gradient Descent，SGD），它是前馈神经网络的最佳训练算法之一。

3.3 玻尔兹曼机

Hinton 和 Sejnowski（1985）首次引入了玻尔兹曼机，但是这种神经网络直到最近才得到广泛使用。受限玻尔兹曼机（Restricted Boltzmann Machine，RBM）是一种特殊的玻尔兹曼机，是深度学习和深度信念神经网络的基础技术之一。在本章中，我们将介绍经典的玻尔兹曼机。在第 9 章“深度学习”中我们将介绍深度学习和受限玻尔兹曼机。

玻尔兹曼机本质上是一个完全连接的两层神经网络。我们将这些层称为可视层和隐藏层。可视层类似于前馈神经网络中的输入层。事实上，尽管玻尔兹曼机具有隐藏层，但它更多地充当了输出层。隐藏层含义的这种差异，通常是玻尔兹曼机与前馈神经网络之间产生混淆的根源。玻尔兹曼机在输入层和输出层之间没有隐藏层。图 3-3 展示了玻尔兹曼机的非常简单的结构。

图 3-3 所示的玻尔兹曼机有 3 个隐藏神经元和 4 个可视神经元。玻尔兹曼机是完全连接的，因为每个神经元都与其他每个神经元有连接，但是，没有神经元与其自身连接。这种连接性区分了玻尔兹曼机与受限玻尔兹曼机，如图 3-4 所示。

图 3-4 所示的受限玻尔兹曼机不是完全连接的。所有隐藏神经元都连接到每个可视神经元，但是，隐藏神经元之间没有连接，可视神经元之间也没有连接。

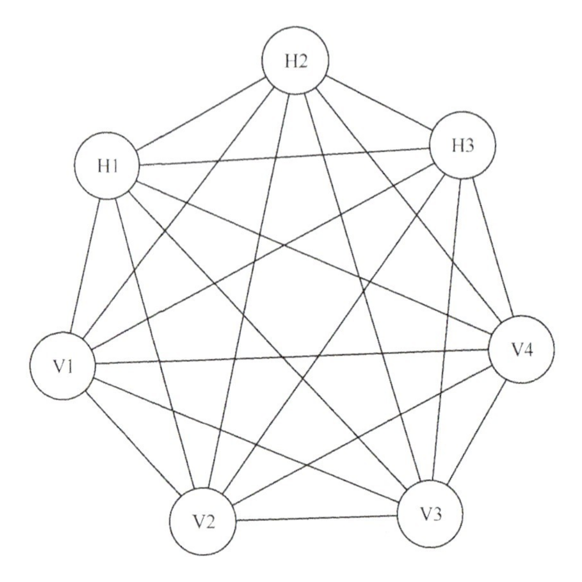

图3-3　玻尔兹曼机

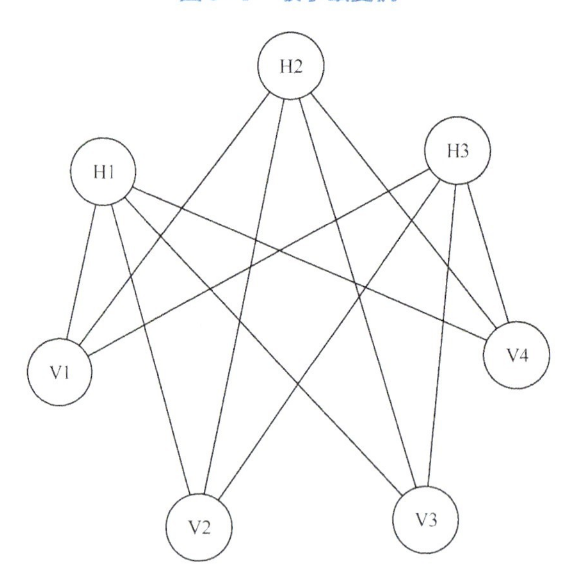

图3-4　受限玻尔兹曼机

与霍普菲尔德神经网络一样，玻尔兹曼机的神经元只能取 0 或 1 的二元值。尽管有一些关于连续玻尔兹曼机的研究，它们能够为神

经元分配十进制数，但几乎所有的研究都集中在二元值的玻尔兹曼机上。因此，本书不包含有关连续玻尔兹曼机的信息。

玻尔兹曼机也称为生成模型。换言之，玻尔兹曼机不会产生恒定不变的输出。提供给玻尔兹曼机的可视神经元的值，在考虑到权重后，指定了隐藏神经元将取值为 1（而不是 0）的概率。

尽管玻尔兹曼机和霍普菲尔德神经网络具有一些共同的特征，但仍存在一些重要差异。

- 霍普菲尔德神经网络受到识别某些错误模式的困扰；
- 玻尔兹曼机的存储模式容量可以比霍普菲尔德神经网络更大；
- 霍普菲尔德神经网络要求输入模式不相关；
- 玻尔兹曼机可以堆叠形成多层。

玻尔兹曼机概率

当程序查询玻尔兹曼机的隐藏神经元的值是否为 1 时，它将随机产生 0 或 1。公式 3-6 给出该神经元的值为 1 的概率计算：

$$p_{i=\text{on}} = \frac{1}{1+\exp\left(-\frac{\Delta E_i}{T}\right)} \tag{3-6}$$

公式 3-6 将计算出一个 0 ~ 1 的数，表示概率。例如，如果生成值是 0.75，则在 75% 的情况下，神经元将返回 1。一旦计算出概率，就可以生成一个 0 ~ 1 的随机数，如果该随机数低于该概率就返回 1，从而产生输出。

公式 3-6 返回了神经元 i 为 1（on）的概率，由 i 处的增量能量（ΔE）计算得出。该公式还使用了值 T，它代表系统的温度。本章前面的公式 3-2 可以计算 T（系统总能量代表了系统温度），其中值 θ 是

神经元的偏置值。

使用公式 3-7 计算能量变化：

$$\Delta E_i = \sum_j w_{ij} s_j + \theta_i \quad (3\text{-}7)$$

该值是神经元 i 在 1（on）和 0（off）之间的能量差，使用代表偏置的 θ 计算得出。

尽管单个神经元的值是随机的，但它们通常会处于平衡状态。为了达到这种平衡，你可以反复计算该神经网络。每一次选择一个单元，用公式 3-6 设置其状态。在一定温度下运行足够的时间后，神经网络全局状态的概率将仅取决于该全局状态的能量。

换言之，整体状态的对数概率与其能量变为线性关系。当玻尔兹曼机处于热平衡状态时，这种关系是成立的，这意味着全局状态的概率分布已经收敛。如果我们从高温开始运行该神经网络，并逐渐降低温度，直到达到低温下的热平衡，那么我们可能会收敛到一个分布，其中能量水平围绕全局最小值波动。我们称这个过程为模拟退火。

3.4 应用玻尔兹曼机

关于玻尔兹曼机的大多数研究已经转移到受限玻尔兹曼机，我们将在第 9 章“深度学习”中进行解释。在本节中，我们将重点介绍玻尔兹曼机较早的无限制形式，该形式已应用于解决优化和识别问题。我们将从一个优化问题开始，展示每种类型的示例。

3.4.1 旅行商问题

旅行商问题（Traveling Sales Problem，TSP）是经典的计算机科

学问题，用传统的编程技术很难解决。可以将人工智能应用于求取TSP的潜在解。该程序必须确定一组固定城市的顺序，以最大程度地减少途经的总距离。TSP被称为组合问题。如果你已经熟悉TSP，或者已经在本系列图书的卷2中阅读了TSP，则可以跳过本节。

TSP需要为旅行商确定最短路径，旅行商必须拜访一定数量的城市。尽管他可以从任何城市开始和结束，但每个城市只能拜访一次。TSP有多个变体，其中一些变体允许多次拜访城市，或为城市分配不同的价值。本节中的TSP只是寻求一条尽可能短的路径，拜访每个城市一次。图3-5展示了一个TSP中的一种可能路径。

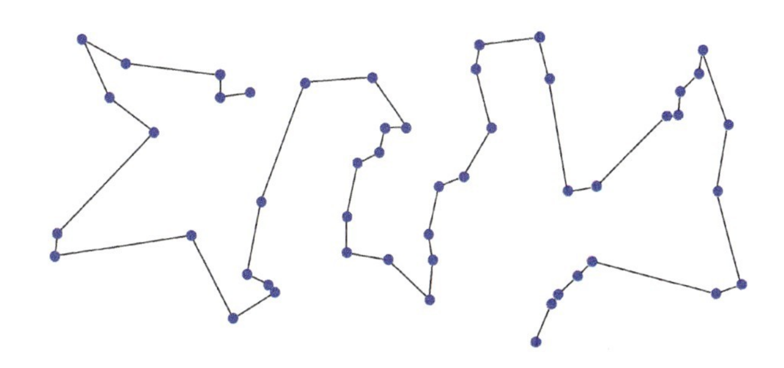

图3-5 旅行商问题

对普通的迭代程序而言，找到最短的路径似乎很容易，但是，随着城市数量的增加，可能的组合数量也会急剧增加。如果问题涉及1个或2个城市，则只能选择1条或2条路径。如果问题涉及3个城市，则可能的路径将增加到6条。以下列表展示了路径数量增长的速度：

```
1 个城市有 1 条路径
2 个城市有 2 条路径
3 个城市有 6 条路径
4 个城市有 24 条路径
5 个城市有 120 条路径
6 个城市有 720 条路径
```

7 个城市有 5 040 条路径
8 个城市有 40 320 条路径
9 个城市有 362 880 条路径
10 个城市有 3 628 800 条路径
11 个城市有 39 916 800 条路径
12 个城市有 479 001 600 条路径
13 个城市有 6 227 020 800 条路径
……
50 个城市有 3.041×10^{64} 条路径

在上面的列表中，用于计算总路径的公式是阶乘。将阶乘运算符（！）作用于城市数 n。某个任意值 n 的阶乘由 $n \times (n-1) \times (n-2) \times \cdots \times 3 \times 2 \times 1$ 给出。当程序必须执行蛮力搜索时，这些值会变得非常大。TSP 是“非确定性多项式时间”（Non-deterministic Polynomial-time，NP）难题的一个例子。NP 难题（NP-hard）非正式地定义为：“缺乏有效方法验证正确解的所有问题”。当城市超过 10 个时，TSP 满足这个定义。NP 难题的正式定义可以在 *Computers and Intractability: A Guide to the Theory of NP-Completeness*[①] 一书中找到。

动态编程是解决 TSP 的另一种常用方法，如图 3-6 的漫画所示。

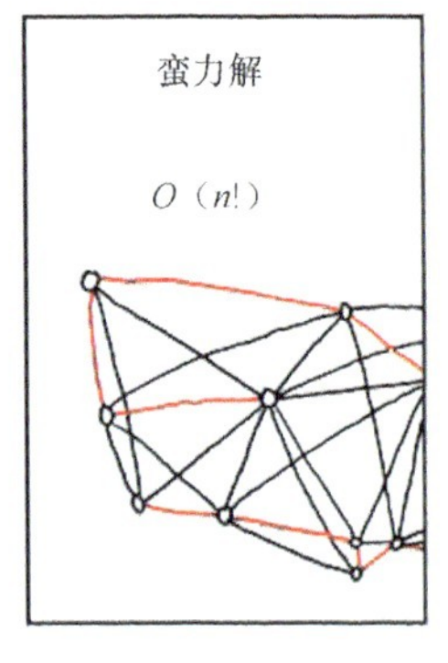

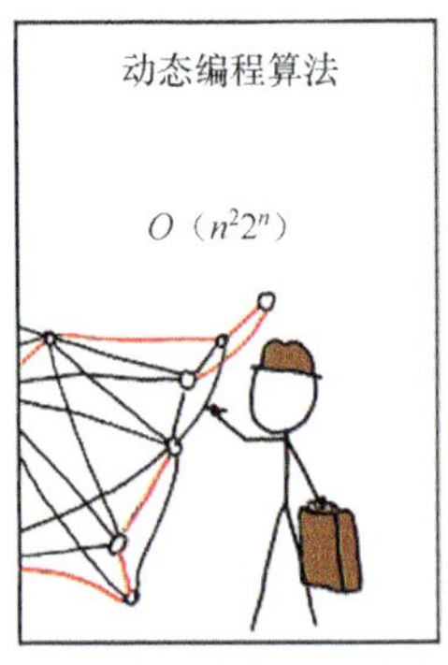

图3-6 解决TSP的方法（来自xkcd网站）

① Garey，1979。

尽管本书没有全面讨论动态编程，但了解其基本功能还是很有价值的。动态编程将 TSP 之类的大问题分解为较小的问题，工作可以被许多较小的程序复用，从而减少蛮力解所需的迭代次数。

与蛮力解和动态编程不同，遗传算法不能保证找到最佳解。尽管它将找到一个很好的解，但其可能不是最好的。在 3.4.2 小节中讨论的示例程序，利用玻尔兹曼机优化问题。

3.4.2 优化问题

要将玻尔兹曼机用于优化问题，有必要以适合玻尔兹曼机的二元值神经元的方式，来表示 TSP 的解。Hopfield（1984）设计了 TSP 的编码，霍普菲尔德神经网络和玻尔兹曼机通常都使用它来表示这个组合问题。

我们将霍普菲尔德神经网络或玻尔兹曼机的神经元排列在正方形网格上，行和列的数量等于城市的数量。每列代表一个城市，每行对应旅程中的一个路段。旅程中的路段数等于城市数，从而形成正方形网格。在矩阵的每一行中，都应该只有一列的值为 1。这个值指定了每个行程段的目的城市。考虑图 3-7 中所示的城市和路径。

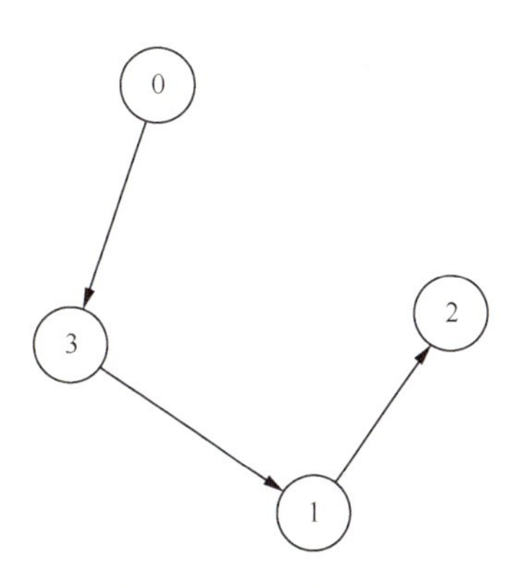

图 3-7　城市和路径

因为问题包括 4 个城市，所以解决方案需要 4×4 的网格。拜访的第一个城市是城市 #0。因此，程序在第一行的第一列中标记 1。同样，第二次拜访城市 #3，在第二行的最后一列中标记 1。表 3-1 展示了完整的路径。

表3-1　4个城市的编码

目的地	城市 #0	城市 #1	城市 #2	城市 #3
目的地 #0	1	0	0	0
目的地 #1	0	0	0	1
目的地 #2	0	1	0	0
目的地 #3	0	0	1	0

当然，玻尔兹曼机不会将神经元排列在网格中。为了将上述路径表示为神经元值的向量，只需将行数值简单地顺序放置即可。也就是说，矩阵以行方式展平，从而得到以下向量：

```
[1, 0, 0, 0, 0, 0, 0, 1, 0, 1, 0, 0, 0, 0, 1, 0]
```

为了创建可以为 TSP 提供解的玻尔兹曼机，程序必须安排权重和偏置，使得玻尔兹曼机神经元的状态稳定在最小化城市之间总距离的点上。请记住，上述网格也可能处于许多无效状态。因此，有效的网格必须具有以下内容：

- 每行只有一个值 1；
- 每列只有一个值 1。

因此，程序需要构造权重，使得玻尔兹曼机在无效状态下不会达到平衡。清单 3-5 展示了生成这个权重矩阵的伪代码。

清单3-5　TSP的玻尔兹曼机权重

```
gamma = 7
# Source
for source_tour in range(NUM_CITIES):
  for source_city in range(NUM_CITIES):
    source_index = source_tour * NUM_CITIES + source_city
# Target
    for targetTour in range(NUM_CITIES):
      for (int target_city in range(NUM_CITIES):
```

```
        target_index = target_tour * NUM_CITIES + target_city
# Calculate the weight
        weight = 0
# Diagonal weight is 0
        if source_index != target_index:
# Determine the next and previous element in the tour.
# Wrap between 0 and last element.
          prev_target_tour = wrapped next target tour
          next_target_tour = wrapped previous target tour
# If same tour element or city, then -gamma
          if (source_tour == target_tour)
             or (source_city == target_city):
            weight = -gamma
# If next or previous city, -gamma
          elif ((source_tour == prev_target_tour)
            or (source_tour == next_target_tour))
            weight = -distance(source_city,target_city)
# Otherwise 0
        set_weight(source_index, target_index, weight)
# All biases are -gamma/2
    set_bias(source_index, -gamma / 2)
```

图 3-8 展示了针对 4 个城市创建的权重矩阵的一部分。

	Tour:0					Tour:1					Tour:2				
	0	1	2	3	4	0	1	2	3	4	0	1	2	3	4
0(0,0)	\	$-g$	$-g$	$-g$	$-g$	$-g$	$-d(0,1)$	$-d(0,2)$	$-d(0,3)$	$-d(0,4)$	$-g$	0	0	0	0
1(0,1)	$-g$	\	$-g$	$-g$	$-g$	$-d(1,0)$	$-g$	$-d(1,2)$	$-d(1,3)$	$-d(1,4)$	0	$-g$	0	0	0
2(0,2)	$-g$	$-g$	\	$-g$	$-g$	$-d(2,0)$	$-d(2,1)$	$-g$	$-d(2,3)$	$-d(2,4)$	0	0	$-g$	0	0
3(0,3)	$-g$	$-g$	$-g$	\	$-g$	$-d(3,0)$	$-d(3,1)$	$-d(3,2)$	$-g$	$-d(3,4)$	0	0	0	$-g$	0
4(0,4)	$-g$	$-g$	$-g$	$-g$	\	$-d(4,0)$	$-d(4,1)$	$-d(4,2)$	$-d(4,3)$	$-g$	0	0	0	0	$-g$
5(1,0)	$-g$	$-d(0,1)$	$-d(0,2)$	$-d(0,3)$	$-d(0,4)$	\	$-g$	$-g$	$-g$	$-g$	$-g$	$-d(0,1)$	$-d(0,2)$	$-d(0,3)$	$-d(0,4)$
6(1,1)	$-d(1,0)$	$-g$	$-d(1,2)$	$-d(1,3)$	$-d(1,4)$	$-g$	\	$-g$	$-g$	$-g$	$-d(1,0)$	$-g$	$-d(1,2)$	$-d(1,3)$	$-d(1,4)$

图3-8　TSP的玻尔兹曼机权重矩阵（4个城市，部分）

根据你所看的本书的版本，可能阅读上述表格有困难。因此，你可以使用以下网址的JavaScript实用程序，针对任意多个城市生成它：

```
http://www.heatonresearch.com/aifh/vol3/boltzmann_tsp_grid.html
```

本质上，权重按以下方式指定。

- 矩阵对角线赋值为0。在图3-8中显示为“\”。
- 源和目标位置相同，设置为$-\gamma$(gamma)。在图3-8中显示为$-g$。
- 源和目标城市相同，设置为$-\gamma$。在图3-8中显示为$-g$。
- 源和目标是下一个/上一个城市，设置为$-distance$。在图3-8中显示为$-d(x,y)$。
- 否则，设置为0。

矩阵在行和列之间是对称的。

3.4.3 玻尔兹曼机训练

3.4.2小节展示了使用硬编码的权重来构造玻尔兹曼机，它能够找到TSP的解。该程序通过对问题的认识来构造这些权重。要将玻尔兹曼机应用于优化问题，手动设置权重是必要而困难的步骤。但是，由于Nelder-Mead和模拟退火更常用于通用算法，因此本书不会包含有关为一般优化问题构造权重矩阵的内容。

3.5 本章小结

霍普菲尔德神经网络是一种简单的神经网络，可以识别模式和解决优化问题。你必须为每种需要霍普菲尔德神经网络解决的优化问题

创建特殊的能量函数。基于这种特点，程序员会选择 Nelder-Mead 或模拟退火之类的算法，而不是霍普菲尔德神经网络的优化版本。

玻尔兹曼机是一种神经网络架构，它与霍普菲尔德神经网络有许多共同的特征。但是，与霍普菲尔德神经网络不同，你可以利用玻尔兹曼机堆叠深度信念神经网络。这种堆叠能力使玻尔兹曼机在实现深度信念神经网络方面发挥了核心作用，这是深度学习的基础。

在第 4 章中，我们将研究前馈神经网络，它仍然是最流行的神经网络之一。第 4 章将重点介绍使用 S 型激活函数和双曲正切激活函数的经典前馈神经网络。新的训练算法、层类型、激活函数和其他创新，让经典的前馈神经网络可以与深度学习一起使用。

第4章
前馈神经网络

本章要点：

- 分类；
- 回归；
- 神经网络的层；
- 规范化。

本章我们将研究一种最常见的神经网络架构：前馈神经网络。由于其用途广泛，前馈神经网络架构非常受欢迎。因此，我们将探索如何训练它，以及它如何处理模式。

“前馈”一词描述了该神经网络如何处理和记忆模式。在前馈神经网络中，神经网络的每一层都包含到下一层的连接。如这些连接从输入向前延伸到隐藏层，但是没有向后的连接。这种安排不同于第3章中介绍的霍普菲尔德神经网络。霍普菲尔德神经网络是完全连接的，它的连接既向前又向后。在后文，我们将分析前馈神经网络的结构及其记忆模式的方式。

我们可以使用多种反向传播算法中的各种技术来训练前馈神经网络，这是一种有监督的训练形式，我们将在第5章中进行详细讨论。本章重点介绍应用优化算法来训练神经网络的权重。如果你需要有关优化算法的更多信息，本系列图书的卷 1 和卷 2 包含相关内容。尽管可以用几种优化算法来训练权重，但我们主要将注意力集中在模拟退火上。

优化算法会调整一个数字向量，旨在根据一个目标函数获得良好的得分。目标函数基于该神经网络的输出与预期输出的匹配程度，为神经网络提供得分。该得分允许用任何优化算法来训练神经网络。

前馈神经网络类似于我们已经探讨过的神经网络。其从一个输入层开始，可能连接到隐藏层或输出层。如果连接到隐藏层，则该隐藏层可以随后连接到另一个隐藏层或输出层。隐藏层可以有任意多层。

4.1 前馈神经网络结构

在第 1 章“神经网络基础”中，我们讨论了神经网络可以具有多个隐藏层，并分析了这些层的用途。在本章中，我们将从输出层的结构开始，聚焦于输入神经元和输出神经元的结构。问题的类型决定了输出层的结构。分类神经网络将为每个类别提供一个输出神经元，而回归神经网络将只有一个输出神经元。

用于回归的单输出神经网络

尽管前馈神经网络可以具有多个输出神经元，但我们将从回归问题中的单输出神经网络开始。用于回归的单输出神经网络能够预测单个数值。图 4-1 展示了一个单输出前馈神经网络。

这个神经网络将输出一个数值。我们可以通过以下方式使用这种类型的神经网络。

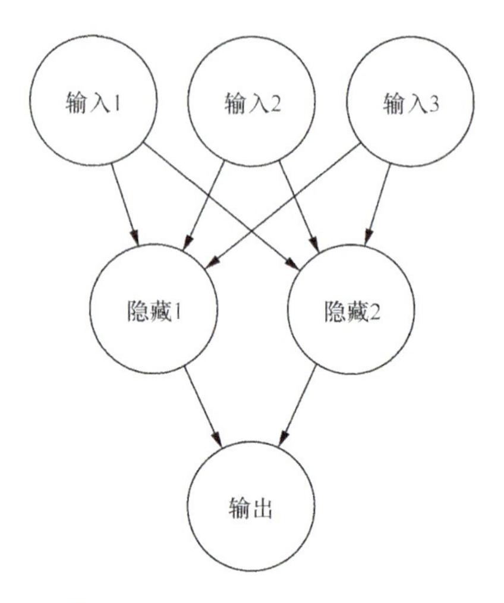

图4-1 单输出前馈神经网络

- 回归：根据输入计算数值（如特定类型的汽车每加仑可行驶多少英里）。
- 二元分类：根据输入确定两个选项（如在给定的特征下，哪个是恶性肿瘤）。

我们在本章中提供了一个回归示例，该示例利用有关各种汽车模型的数据，预测汽车的MPG。

有关各种汽车模型的数据来自于汽车MPG数据集，这个数据集的一小部分示例如下：

```
    mpg,cylinders,displacement,horsepower,weight,acceleration,
model_year,origin,car_name
    18,8,307,130,3504,12,70,1,"chevrolet chevelle malibu"
    15,8,350,165,3693,11,70,1,"buick skylark 320"
    18,8,318,150,3436,11,70,1,"plymouth satellite"
    16,8,304,150,3433,12,70,1,"amc rebel sst"
```

对于回归问题，神经网络将创建气缸数、排量、马力和车重等列来预测MPG。这些值是上面数据集示例中使用的所有字段，用于指

定每辆汽车的特征。在这个例子中，目标是预测 MPG。但是，我们也可以利用 MPG、汽缸数、马力、车重和加速等来预测排量。

为了用神经网络对多个值执行回归，可以使用多个输出神经元。如气缸、排量和马力可以预测 MPG 和车重。尽管多输出神经网络可以对两个变量进行回归，但我们不建议使用此技术。对于要预测的每个回归结果，通常使用单独的神经网络可以获得更好的结果。

4.2 计算输出

在第 1 章“神经网络基础”中，我们探讨了如何计算组成神经网络的单个神经元的输出。简要回顾一下，单个神经元的输出就是其输入和偏置的加权和。该和被传递给一个激活函数。公式 4-1 总结了神经网络的计算输出：

$$f(x_i, w_i) = \phi(\sum_i (w_i \cdot x_i)) \tag{4-1}$$

神经元将输入向量（$\boldsymbol{x}$）乘以权重（$\boldsymbol{w}$），然后将结果传递给一个激活函数（ϕ）。偏置是权重向量（$\boldsymbol{w}$）中的最后一个值，添加偏置的方法是将值 1.0 连接到输入之后。如考虑具有两个输入和一个偏置的神经元，如果输入为 0.1 和 0.2，则输入向量如下所示：

```
[0.1, 0.2, 1.0]
```

在这个示例中，添加值 1.0 以支持偏置权重。我们也可以用以下权重向量来计算该值：

```
[0.01, 0.02, 0.3]
```

值 0.01 和 0.02 是神经元两个输入的权重，值 0.3 是偏置的权重。计算加权和：

```
(0.1 * 0.01) + (0.2 * 0.02) + (1.0 * 0.3)
```

然后将计算结果 0.305 传递给激活函数。

计算整个神经网络的输出本质上是对神经网络中的每个神经元都执行这个相同的过程。这个过程使你可以从输入神经元一直计算到输出神经元。你可以为神经网络中的每个连接创建对象，或将这些连接值安排到矩阵中，从而实现这个过程。

面向对象的编程让你可以为每个神经元及其权重定义一个对象。这种方法能产生可读性强的代码，但是它有两个重要的问题：

- 权重存储在许多对象中；
- 性能受影响，因为需要许多函数调用和内存访问才能将所有权重加在一起。

在神经网络中，将权重作为单个向量创建很有价值。各种不同的优化算法可以调整一个向量，让得分函数产生最优的结果。本系列图书卷 1 和卷 2 讨论了这些优化功能。在后文，我们将看到模拟退火如何优化神经网络的权重向量。

为了创建一个权重向量，我们首先来看一个具有以下特征的神经网络。

- 输入层：2 个神经元，1 个偏置。
- 隐藏层：2 个神经元，1 个偏置。
- 输出层：1 个神经元。

这些特征使得该神经网络共有 7 个神经元。

为了创建该向量，可以用以下方式对这些神经元编号：

```
Neuron 0: Output 1
```

```
Neuron 1: Hidden 1
Neuron 2: Hidden 2
Neuron 3: Bias 2 (set to 1, usually)
Neuron 4: Input 1
Neuron 5: Input 2
Neuron 6: Bias 1 (set to 1, usually)
```

用图形方式表示该简单神经网络，如图 4-2 所示。

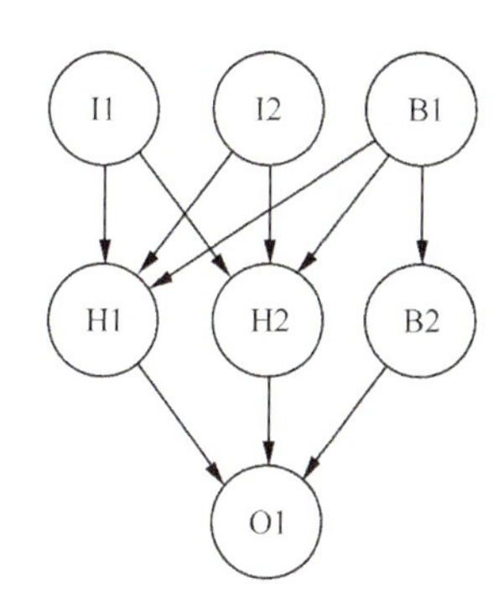

图4-2 简单神经网络

你可以创建几个其他向量来定义神经网络的结构。这些向量保存索引值，以便快速访问权重向量。这些向量在这里列出：

```
layerFeedCounts: [1, 2, 2]
layerCounts: [1, 3, 3]
layerIndex: [0, 1, 4]
layerOutput: [0.0, 0.0, 0.0, 1.0, 0.0, 0.0, 1.0]
weightIndex: [0, 3, 9]
```

每个向量中保存值的顺序是首先输出层，然后向上直到输入层。layerFeedCounts 向量保存每一层中非偏置神经元的计数。该特征实际上是非偏置神经元的数量。layerOutput 向量保存每个神经元的当前值。最初，所有神经元都从 0.0 开始，除了偏置神经元从 1.0 开始。layerIndex 向量保存每个层在 layerOuput 向量中的起始位置的索引。weightIndex 保存指向权重向量中每一层位置的索引。

权重存储在它们自己的向量中，其结构如下：

```
Weight 0 : H1->O1
Weight 1 : H2->O1
Weight 2 : B2->O1
Weight 3 : I1->H1
Weight 4 : I2->H1
Weight 5 : B1->H1
Weight 6 : I1->H2
Weight 7 : I2->H2
Weight 8 : B1->H2
```

一旦安排好向量，计算神经网络的输出就相对容易了。清单4-1可以完成这种计算。

清单4-1 计算前馈输出

```
def compute(net, input):
  sourceIndex = len(net.layerOutput)
    - net.layerCounts[len(net.layerCounts) - 1]
  # Copy the input into the layerOutput vector
  array_copy(input, 0, net.layerOutput, sourceIndex,
             net.inputCount)
  # Calculate each layer
  for i in reversed(range(0,len(layerIndex))):
    compute_layer(i)
  # update context values
  offset = net.contextTargetOffset[0]
  # Create result
  result = vector(net.outputCount)
  array_copy(net.layerOutput, 0, result, 0, net.outputCount)
  return result

def compute_layer(net,currentLayer):
  inputIndex = net.layerIndex[currentLayer]
  outputIndex = net.layerIndex[currentLayer - 1]
  inputSize = net.layerCounts[currentLayer]
  outputSize = net.layerFeedCounts[currentLayer - 1]
  index = this.weightIndex[currentLayer - 1]
  limit_x = outputIndex + outputSize
```

```
limit_y = inputIndex + inputSize
# weight values
for x in range(outputIndex,limit_x):
  sum = 0;
  for y in range(inputIndex,limit_y):
    sum += net.weights[index] * net.layerOutput[y]
      net.layerSums[x] = sum
      net.layerOutput[x] = sum
      index = index + 1

net.activationFunctions[currentLayer - 1]
   .activation_function(
net.layerOutput, outputIndex, outputSize)
```

4.3 初始化权重

神经网络的权重决定了神经网络的输出。训练过程可以调整这些权重，使得神经网络产生有用的输出。大多数神经网络训练算法开始都将权重初始化为随机值。然后，训练通过一系列迭代进行，这些迭代不断改进权重，以产生更好的输出。

神经网络的随机权重会影响神经网络的训练水平。如果神经网络无法训练，你可以通过重新设置一组新的随机权重来解决问题。但是，当你尝试不同的神经网络的架构，并尝试不同的隐藏层和神经元组合时，这个解决方案可能会令人沮丧。如果添加新层后，神经网络性能得到改善，你就必须考虑，这种改进是由新层产生的，还是由一组新的权重产生的。由于存在这种不确定性，我们在权重初始化算法中关注两个关键属性。

- 该算法提供良好权重的一致性如何？
- 该算法提供的权重有多少优势？

权重初始化最常见（但最无效）的方法之一，是将权重设置为特

定范围内的随机值，通常选择 −1 ～ +1 或 −5 ～ +5 的数字。如果要确保每次都获得相同的随机权重集，则应使用种子。种子指定了要使用的一组预定义随机权重。如种子为 1 000，可能会产生 0.5、0.75 和 0.2 的随机权重。这些值仍然是随机出现的，你无法预测，但是当你选择 1 000 作为种子时，总是会获得这些值。

并非所有种子都是生而平等的。随机权重初始化有一个问题，即某些种子创建的随机权重比其他种子更难训练。实际上，权重可能非常糟糕，而无法进行训练。如果发现无法使用特定的权重集训练神经网络，则应使用其他种子生成一组新的权重。

由于权重初始化存在的问题，人们围绕它进行了大量研究。多年来，我们已经考察了这方面的研究，并在 Encog 项目中添加了 6 个不同的权重初始化例程。根据我们的研究，由 Glorot 和 Bengio 于 2006 年引入的 Xavier 权重初始化算法可以产生具有合理一致性的良好权重。这种相对简单的算法使用正态分布的随机数。

要使用 Xavier 权重初始化，必须了解正态分布的随机数不是大多数编程语言生成的 0 ～ 1 的典型随机数。实际上，正态分布的随机数以均值 μ（mu）为中心，它通常为 0。如果以 0 为中心（均值），那么你将获得数量相等的大于 0 和小于 0 的随机数。下一个问题是这些随机数将从 0 偏离到多远。理论上，你可能得到正随机数和负随机数都接近计算机支持的最大正数和负数范围。但现实情况是，你很可能会看到一些随机数，它们与中心的偏差为 0 ～ 3 个标准差。

标准差 σ（sigma）参数指定这个标准差的大小。如果你将标准差指定为 10，那么你主要会看到 −30 ～ +30 的随机数，较接近 0 的数字具有更高的选择概率。图 4-3 展示了正态分布。

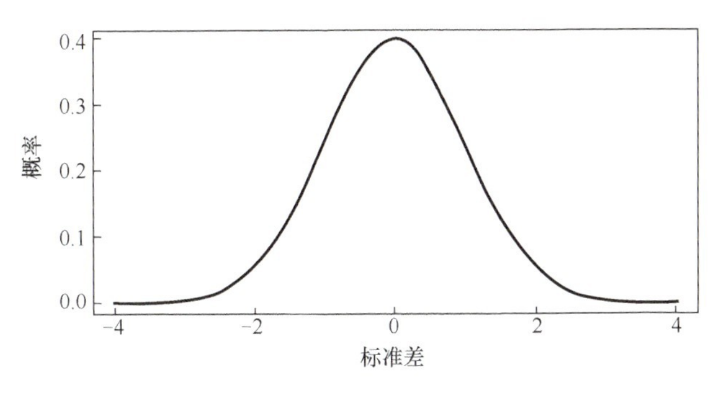

图4-3　正态分布

图 4-3 展示了中心（在这个例子中为 0）将以 0.4（40%）的概率生成。另外，在 −2 或 +2 个标准差之外，概率降低得非常快。通过定义中心和标准差的大小，你可以控制生成的随机数的范围。

大多数编程语言都具有生成正态分布的随机数的能力。通常，Box-Muller 算法是这种能力的基础。本书中的示例将使用内置的正态随机数发生器，或用 Box-Muller 算法将规则的、均匀分布的随机数转换为正态分布。本系列图书卷 1《基础算法》包含对 Box-Muller 算法的解释，但你不需要了解它也可以掌握本书中的思想。

Xavier 权重初始化将所有权重设置为正态分布的随机数，这些权重总是以 0 为中心。它们的标准差取决于当前权重层存在多少个连接。具体来说，公式 4-2 可以确定方差：

$$Var(W)=\frac{2}{n_{\text{in}}+n_{\text{out}}} \tag{4-2}$$

公式 4-2 展示了如何获得所有权重的方差。方差的平方根是标准差。大多数随机数生成器接受标准差，而不是方差。因此，你通常需要取公式 4-2 的平方根。图 4-4 展示了一层的 Xavier 初始化过程。

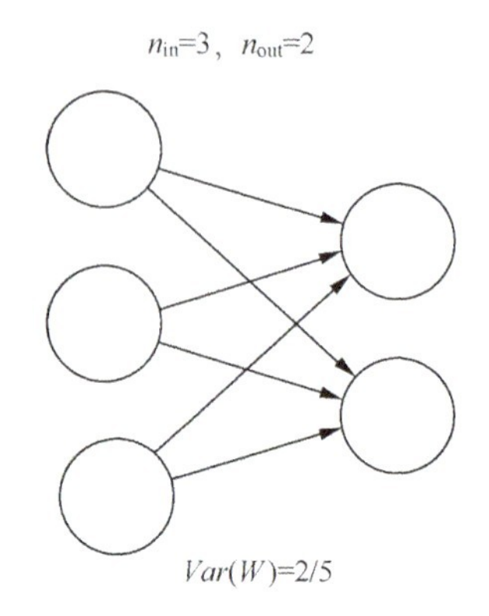

图4-4　一层的Xavier初始化过程

神经网络中的每一层，都要完成这个过程。

4.4 径向基函数神经网络

径向基函数（Radial-Basis Function，RBF）神经网络是 Broomhead 和 Lowe（1988）引入的一种前馈神经网络。该神经网络可用于分类和回归。尽管它们可以解决各种问题，但 RBF 神经网络的受欢迎程度似乎正在降低。根据其定义，RBF 神经网络不能与深度学习结合使用。

RBF 神经网络利用一个参数向量（一个指定权重和系数的模型），来允许输入生成正确的输出。通过调整一个随机参数向量，RBF 神经网络可产生与鸢尾花数据集一致的输出。调整该参数向量以产生所需输出的过程称为训练。训练 RBF 神经网络有许多不同的方法。参数向量也代表了 RBF 神经网络的长期记忆。

在 4.4.1 小节中，我们将简要回顾 RBF，并描述这些向量的确切组成。

4.4.1 径向基函数

由于许多 AI 算法都利用了径向基函数，因此它们是一个非常重要的概念。RBF 相对其中心对称，该中心通常在 x 轴上。RBF 将在中心达到其最大值，即峰值。RBF 神经网络中典型的峰值通常设置为 1，中心会相应地变化。

RBF 可以有许多维度。无论传递给 RBF 的向量维度是多少，它的输出总是单个标量值。

RBF 在 AI 中很常见。我们将从最流行的高斯函数开始讲解。图 4-5 展示了以 0 为中心的一维高斯函数的图像。

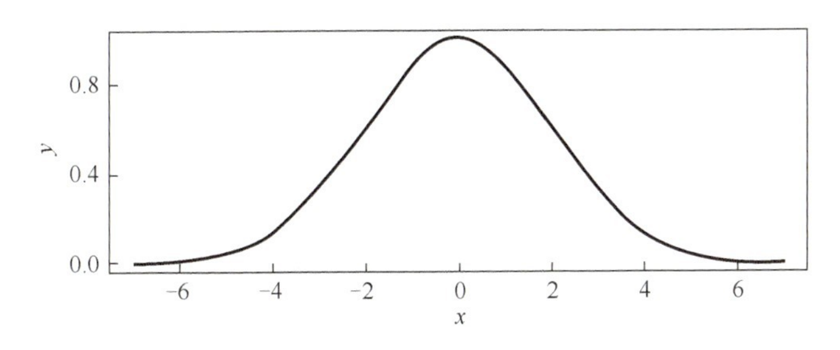

图 4-5 高斯函数

你可能认为上述曲线是正态分布或钟形曲线，而这其实是一个 RBF。RBF（如高斯函数）可以有选择地缩放数值。请考虑图 4-5 所示函数，如果你用这个函数缩放一些数值，那么结果将在中心具有最大强度。从中心向两侧移动时，强度会沿正向或负向减小。

在查看高斯 RBF 的公式之前，我们必须考虑如何处理多维。RBF 接受多维输入，并计算输入和中心向量之间的距离，从而返回单个距离，该距离称为 r。RBF 中心和 RBF 的输入必须总是具有相同的维度才能进行计算。一旦计算出 r，就可以确定这个 RBF。所有 RBF 都使

用这个计算出的 r。

公式 4-3 展示了如何计算 r：

$$r=\|\boldsymbol{x}-\boldsymbol{x}_i\| \tag{4-3}$$

在公式 4-3 中看到的双竖线表示该函数描述的距离或范数。在某些情况下，这些距离可能会有所不同。但是，RBF 通常使用欧氏距离。因此，我们在本书中提供的示例始终采用欧氏距离。所以，r 就是中心与 $\boldsymbol{x}$ 向量之间的欧氏距离。在本节的每个 RBF 中，我们将使用该值 r。公式 4-4 展示了高斯 RBF 的公式：

$$\phi(r)=\mathrm{e}^{-r^2} \tag{4-4}$$

一旦计算出 r，就很容易确定 RBF。公式 4-4 中的希腊字母 ϕ 始终表示 RBF；常数 e 表示自然对数的底，约为 2.718 28。

4.4.2 径向基函数神经网络示例

RBF 神经网络提供一个或多个 RBF 的加权求和，这些函数中的每一个都接收加权的输入，以便预测输出。请将 RBF 神经网络视为包含参数向量的长公式。公式 4-5 展示了计算该网络输出的公式：

$$f(\boldsymbol{X})=\sum_{i=1}^{N}a_i p(\|b_i\boldsymbol{X}-\boldsymbol{c}_i\|) \tag{4-5}$$

请注意，公式 4-5 中的双竖线表示你必须计算的距离。由于这些符号未指定要使用的距离算法，因此你可以选择算法。在公式 4-5 中，$\boldsymbol{X}$ 是输入向量，$\boldsymbol{c}$ 是 RBF 的向量中心，p 是所选的 RBF（如高斯函数），$\boldsymbol{a}$ 是每个 RBF 的向量系数（或权重），$\boldsymbol{b}$ 指定用于加权输入向量的系数。

在示例中，我们将 RBF 神经网络应用于鸢尾花数据集。图 4-6

展示了这种应用的图形表示。

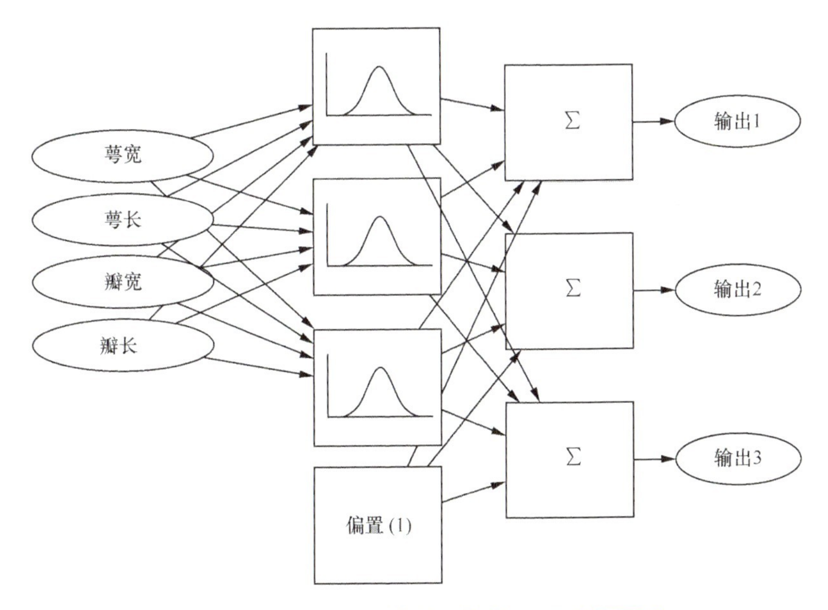

图4-6 应用于鸢尾花数据集的RBF神经网络

上面的RBF神经网络包含4个输入（萼宽、萼长、瓣宽、瓣长），这些输入指出了每种鸢尾花种类的一些特征。图4-6假设我们对3种不同的鸢尾花种类使用1-of-*n*编码。仅对两个输出使用等边编码（equilateral encoding）也是可能的。简单起见，我们将使用1-of-*n*，并任意选择3个RBF。尽管其他RBF允许模型学习更复杂的数据集，但它们也需要更多的时间来处理数据。

图4-6中的箭头表示公式4-5中的所有系数。在公式4-5中，$\boldsymbol{b}$表示输入和RBF之间的箭头。类似地，$\boldsymbol{a}$表示RBF与求和之间的箭头。此外，还要注意图4-6中的偏置，它是一个始终返回值1的常函数。由于偏置函数的输出是恒定的，因此它不需要输入。从偏置到求和的权重指定了方程的y截距。简而言之，偏置并不总是坏的。这个例子表明，偏置是RBF神经网络的重要组成部分。偏置节点在神经网络

中也很常见。

因为存在多个求和，所以你可以看到分类问题的发展。最高的总和指定了预测的类别。回归问题意味着该模型将输出单个数值。

你还会注意到，图 4-6 中在与 RBF 同一层级的位置包含一个偏置节点。与 RBF 不同，偏置节点不接受任何输入，它始终输出常数 1。这个常数 1 再乘以一个系数，使该系数直接与输出相加，而与输入无关。当输入为 0 时，偏置节点将会非常有用，因为尽管输入很小，但偏置节点也会让 RBF 层有输出。

RBF 神经网络的长期记忆向量有以下几个不同的组件：

- 输入系数；
- 输出 / 求和系数；
- RBF 宽度标量（在所有维度中均相同）；
- RBF 中心向量。

RBF 神经网络会将所有这些组件保存为单个向量，这个向量将成为其长期记忆向量。然后，优化算法可以将该向量设置为一些值，从而针对提供的特征生成正确的鸢尾花种类。本书将介绍几种可以训练 RBF 神经网络的优化算法。

总之，本小节对向量、距离和 RBF 神经网络进行了基本概述。由于这里的讨论仅包含理解卷 3 的预备知识，因此关于这些主题更全面的说明，请参考卷 1 和卷 2。

4.5 规范化数据

在本节中，我们将具体地了解数据规范化是如何执行的。数据通

常不会以你拿到的原始格式提供给神经网络。通常，数据会通过名为“规范化”的过程，缩放到特定范围。规范化数据的方法有许多。有关完整的总结，请参阅本系列图书卷1《基础算法》。本章将介绍一些对神经网络最有用的规范化方法。

4.5.1 1-of-*n* 编码

如果你有一个分类值，如鸢尾花的种类、汽车的品牌，或MNIST数据集中的数字标签，就应该使用1-of-*n*的编码。有时将这种类型的编码称为“独热”（one-hot）编码。如果以这种方式编码，你需要为问题中的每个类别使用一个输出神经元。回忆一下本书前言中的MNSIT数据集，其中有数字0～9的图像。这个问题最常见的编码是带有Softmax激活函数的10个输出神经元，它们将给出输入是这些数字之一的可能性。使用1-of-*n*编码，10个数字可能编码如下：

```
0 -> [1,0,0,0,0,0,0,0,0,0]
1 -> [0,1,0,0,0,0,0,0,0,0]
2 -> [0,0,1,0,0,0,0,0,0,0]
3 -> [0,0,0,1,0,0,0,0,0,0]
4 -> [0,0,0,0,1,0,0,0,0,0]
5 -> [0,0,0,0,0,1,0,0,0,0]
6 -> [0,0,0,0,0,0,1,0,0,0]
7 -> [0,0,0,0,0,0,0,1,0,0]
8 -> [0,0,0,0,0,0,0,0,1,0]
9 -> [0,0,0,0,0,0,0,0,0,1]
```

当这些类别没有顺序时，应该总是使用1-of-*n*编码。这种编码的另一个示例是汽车品牌。通常，除非你希望通过这种顺序传达某些含义，否则汽车制造商的列表通常是没有顺序的。如你可以按营业年限对汽车制造商进行排序。但是，只有在营业年限对你的问题有意义的情况下，才应进行这种分类。如果确实没有顺序，就应该总是使用

1-of-*n* 编码。

因为可以轻松地对数字进行排序，所以你可能想知道，为什么我们对它们也使用 1-of-*n* 编码。原因是数字的顺序并不意味着程序可以识别它们。数字“1”和“2”彼此相邻的事实无助于程序识别图像。因此，我们不应使用单个输出神经元，输出已识别数字。数字 0 ~ 9 是类别，而不是实际的数值。用单个数值来编码类别，这不利于神经网络的决策。

输入和输出都可以使用 1-of-*n* 编码。上面的编码示例使用了 0 和 1。通常，你会使用 ReLU 激活函数和 Softmax 激活函数，此时这种编码类型是正常的。但是，如果你要使用双曲正切激活函数，则应将 0 的值设为 −1，以匹配双曲正切激活函数的范围（−1 ~ 1）。

如果你有大量的类别，则使用 1-of-*n* 编码会变得很麻烦，因为每个类别都必须有一个神经元。在这种情况下，你有几种选择。首先，你可能会找到一种对这些类别排序的方法。通过这种排序，你的类别可以被编码为数值，它表示当前类别在排序列表中的位置。

处理大量类别的另一种方法是“逆频文档频率”（Term Frequency-Inverse Document Frequency，TF-IDF）编码，因为每个类别本质上成为该类别相对其他类别出现的概率。这样，TF-IDF 允许程序将大量类别映射到单个神经元。TF-IDF 的完整讨论超出了本书的范围。但是，它内置在许多机器学习框架中，这些框架针对 R、Python 等语言。

4.5.2 范围规范化

如果你有实数或分类的有序列表，就可以选择范围规范化，因为它只是将输入数据的范围映射到激活函数的范围内。S 型、ReLU

和 Softmax 激活函数使用 0 ~ 1 的范围，而双曲正切激活函数使用 −1 ~ 1 的范围。

你可以用公式 4-6 来规范化数据：

$$norm(x,d_{L},d_{H},n_{L},n_{H})=\frac{(x-d_{L})(n_{H}-n_{L})}{(d_{H}-d_{L})}+n_{L} \tag{4-6}$$

要执行规范化，你需要规范化数据的低值和高值，这两个值分别由公式 4-6 中的 d_L 和 d_H 给出。同样，你需要规范化区间的低值和高值（通常是 0 和 1），这两个值分别由 n_L 和 n_H 给出。

有时，你将需要撤销对数字执行的规范化，让它回到非规范化的状态。公式 4-7 执行了这个操作：

$$denorm(x,d_{L},d_{H},n_{L},n_{H})=\frac{(d_{L}-d_{H})x-(n_{H}\cdot d_{L})+d_{H}\cdot n_{L}}{(n_{L}-n_{H})}+n_{L} \tag{4-7}$$

考虑范围规范化有一种非常简单的方法，即百分比。请考虑以下类比。你看到一则广告，指出你将获得 10 美元的商品折扣，这时你必须确定这笔交易是否值得。如果你要购买一件 T 恤，这种优惠可能促成一笔划算的交易。但是，如果你要买车，10 美元并不重要。此外，你需要熟悉美元的当前价值才能做出决定。如果你得知商家提供了 10% 的折扣，情况就会改变。因此，10% 这个值更有意义。无论你是购买 T 恤、汽车，还是房屋，10% 的折扣都会对问题产生明显的影响。换言之，百分比是一种规范化类型。就像在类比中所看到的，将数据规范化到一个范围有助于神经网络用同样的重要性评估所有输入。

4.5.3 *z* 分数规范化

z 分数（*z* score）规范化是最常见的实数或有序列表的规范化。

对于几乎所有应用程序，都应使用 z 分数规范化来代替范围规范化。这种规范化类型基于 z 分数的统计概念，同样的技术也用于在一条曲线下对考试进行评分。z 分数提供的信息甚至超过百分比。

考虑以下示例。学生 A 在他的考试中获得了总分的 85%，学生 B 在他的考试中获得了总分的 75%，哪个学生的成绩更好？如果教授只是在报告得分，那么你可能认为学生 A 的得分会更高。但是，如果你了解到学生 A 的考试很容易，平均得分是 95%，就会改变答案。同样，如果你发现学生 B 的班级平均得分为 65%，也会重新考虑自己的观点。学生 B 的考试得分高于平均水平。学生 A 的得分虽然更高，但他的得分仍低于平均水平。要真实报告曲线调整后的分数（z 分数），你必须有平均分数和标准差。公式 4-8 展示了均值的计算：

$$\mu=\frac{1}{N}\sum_{i=1}^{N}x_i \tag{4-8}$$

你可以通过将所有得分相加并除以分数个数来计算均值 μ。这个过程与取平均相同。有了均值之后，还需要标准差。如果你的平均分数为 50 分，那么参加考试的每个人偏离平均分的程度会有所不同。学生偏离均值的平均数量就是标准差。公式 4-9 展示了标准差 σ 的计算：

$$\sigma=\sqrt{\frac{1}{N}\sum_{i=1}^{N}(x_i-\mu)^2} \tag{4-9}$$

本质上，求标准差的过程是对每个得分与均值的差进行平方并求和，然后取总和的平方根。有了标准差后，就可以用公式 4-10 计算 z 分数：

$$z=\frac{x-\mu}{\sigma} \tag{4-10}$$

清单 4-2 展示了计算 z 分数的伪代码。

清单 4-2　计算 *z* 分数

```
# Data to score
data = [ 5, 10, 3, 20, 4]
# Sum the values
sum = 0
for d in data:
    sum = sum + d
# Calculate mean
mean = float(sum) / len(data)
print( "Mean: " + mean )
# Calculate the variance
variance = 0
for d in data:
    variance = variance + ((mean-d)**2)
variance = variance / len(data)
print( "Variance: " + variance )
# Calculate the standard deviation
sdev = sqrt(variance)
print( "Standard Deviation: " + sdev )
# Calculate zscore
zscore = []
for d in data:
    zscore.append( (d-mean)/sdev)
print("Z-Scores: " + str(zscore) )
```

以上代码将产生以下输出：

```
Mean: 8.4
Variance: 39.440000000000005
Standard Deviation: 6.280127387243033
Z-Scores: [-0.5413902920037097, 0.2547719021193927,
-0.8598551696529507, 1.8470962903655976, -0.7006227308283302]
```

z 分数衡量了某个得分与均值的关系。其中 0 表示得分恰好是均值。正的 z 分数表示得分高于均值，负的 z 分数表示得分低于均值。为了将 z 分数可视化，请考虑 z 分数和字母等级之间的映射：

```
<-2.0 = D+
-2.0  = C-
-1.5  = C
-1.0  = C+
-0.5  = B-
0.0   = B
+0.5  = B+
+1.0  = A-
+1.5  = A
+2.0  = A+
```

上面列出的映射关系是某个大学实际使用的成绩衡量标准。z 分数到字母等级的映射有很大的不同。大多数教授会将 0.0 的 z 分数设置为 C 或 B，具体取决于教授 / 大学是否认为 C 或 B 代表平均成绩。上面的映射中 B 是均值。z 分数以 0 为中心，非常适合神经网络输入，因为它很少会超过 +3 或低于 −3。

4.5.4 复杂规范化

神经网络的输入通常称为它的特征向量。在将原始数据映射到神经网络可以理解形式的过程中，创建特征向量的过程至关重要。将原始数据映射到特征向量的过程称为编码。要明白这种映射的工作方式，请考虑汽车 MPG 数据集：

```
1. mpg:           numeric
2. cylinders:     numeric, 3 unique
3. displacement:  numeric
4. horsepower:    numeric
```

```
5. weight:          numeric
6. acceleration:    numeric
7. model year:      numeric, 3 unique
8. origin:          numeric, 7 unique
9. car name:        string (unique for each instance)
```

为了对上述数据进行编码，我们将使用 MPG 作为输出，并将该数据集作为回归。MPG 特征将采用 *z* 分数编码，并且它符合我们在输出中使用的线性激活函数的范围。

我们将弃用汽车名称。汽缸数、型号、年份都用 1-of-*n* 编码，其余字段用 *z* 分数编码。以下是得到的特征向量：

```
Input Feature Vector:
Feature 1: cylinders-2, -1 no, +1 yes
Feature 2: cylinders-4, -1 no, +1 yes
Feature 3: cylinders-8, -1 no, +1 yes
Feature 4: displacement z-score
Feature 5: horsepower z-score
Feature 6: weight z-score
Feature 7: acceleration z-score
Feature 8: model year-1977, -1 no, +1 yes
Feature 9: model year-1978, -1 no, +1 yes
Feature 10: model year-1979, -1 no, +1 yes
Feature 11: origin-1
Feature 12: origin-2
Feature 13: origin-3
Output:
mpg z-score
```

如你所见，特征向量已从 9 个原始字段增加到 13 个特征和一个输出。针对这些数据的神经网络会有 13 个输入神经元和单个输出神经元。假设有 1 个包含 20 个神经元隐藏层，采用 ReLU 激活函数，该神经网络将如图 4-7 所示。

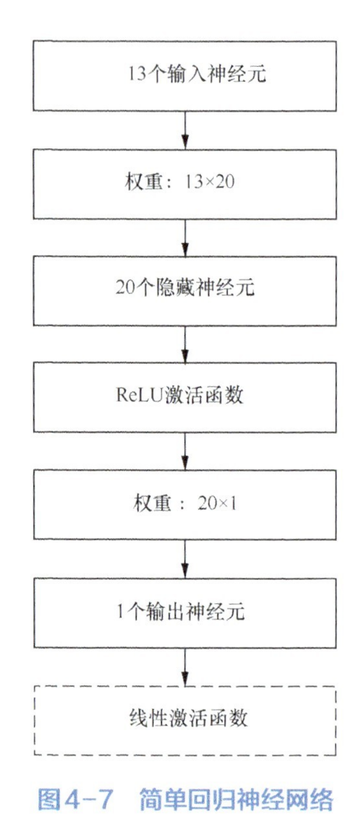

图4-7　简单回归神经网络

4.6 本章小结

前馈神经网络是人工智能中最常用的算法之一。在本章中，我们介绍了多层前馈神经网络和 RBF 神经网络。分类和回归应用了这两种类型的神经网络。

前馈神经网络具有定义明确的层。输入层接受来自计算机程序的输入。输出层将神经网络的处理结果返回给调用程序。在输入层和输出层之间是隐藏的神经元，它们帮助神经网络识别在输入层提供的模式，并在输出层产生正确的结果。

RBF 神经网络为其隐藏层使用了一系列 RBF。除了权重之外，还可以更改这些 RBF 的宽度和中心。尽管 RBF 和前馈神经网络可以近似任何函数，但是它们的处理方式不同。

到目前为止，我们只看到了如何计算神经网络的值。训练是一个过程，我们通过该过程调整神经网络权重，使得神经网络输出所需的值。为了训练神经网络，我们还需要一种评估它的方法。第 5 章将介绍神经网络的训练和评估。

第5章 训练与评估

本章要点：

- 均方差；
- 敏感性和特异性；
- ROC 曲线；
- 模拟退火。

到目前为止，我们已经看到了如何根据权重来计算神经网络的输出，但是，我们还没有看到这些权重的实际来源。训练是调整神经网络权重以产生所需输出的过程。训练利用了评估，即根据预期输出评估神经网络输出的过程。

本章将介绍训练与评估。由于神经网络可以通过许多不同的方式进行训练与评估，因此我们需要一种一致的方法来对它们进行判断。目标函数评估神经网络并返回得分，训练会根据得分调整神经网络，以便取得更好的结果。通常，目标函数希望得分较低，其试图获得较低得分的过程称为最小化。你可能会设定最大化的问题，此时目标函数需要较高的得分。因此，你可以将大多数训练算法用于最小化或最大化问题。

你可以使用任何连续的优化算法来优化神经网络的权重，如模拟

退火、粒子群优化（Particle Swarm Optimization，PSO）、遗传算法、爬山、Nelder-Mead 或随机行走等。本章将介绍模拟退火，它是一种简单的训练算法。但是，除了优化算法外，你还可以利用反向传播算法训练神经网络。在第 6 章“反向传播训练”和第 7 章“其他传播训练”中将介绍几种算法，它们都基于第 6 章介绍的反向传播训练算法。

5.1 评估分类

分类是神经网络尝试将输入分为一个或多个类别的过程。评估分类网络的最简单方法是跟踪被错误分类的训练集数据项的百分比。我们通常以这种方式对人类考试评分。如你可能在学校参加了仅有选择题题型的考试，必须为选项 A、B、C 或 D 其中之一涂上阴影。如果你在 10 个问题的考试中选择了一个错误的选项，得分将是 90%。以同样的方式，我们可以给计算机评分。但是，大多数分类算法不会简单地选择 A、B、C 或 D。计算机通常将报告每个类别中的置信度百分比，作为分类结果。图 5-1 展示了计算机和人类可能如何对考试中的问题 1 做出回应。

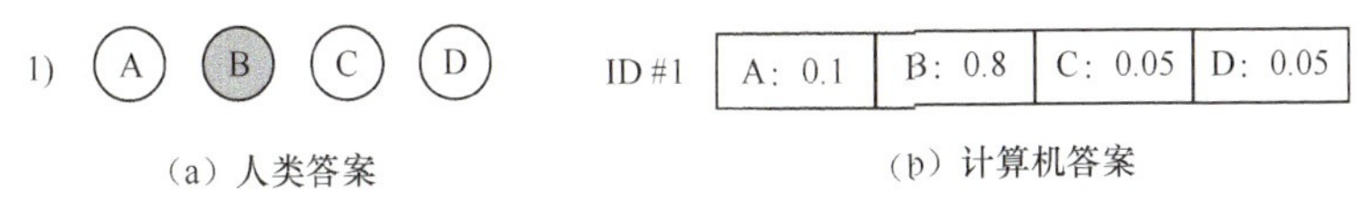

图5-1　人类答案与计算机答案

如你所见，人类应试者将第一个问题标记为“B”。计算机对“B”的信心为 80%（0.8），对“A”的信心为 10%（0.1）。计算机将其余的百分比分布在另外两个选项上。从最简单的意义上讲，如果正确答案为“B”，则该计算机将获得该问题得分的 80%。

如果正确答案为“D”，则该计算机将仅获得5%（0.05）的得分。

5.1.1 二值分类

如果神经网络必须在两个选项之间进行选择，就会发生二值分类，如对/错、是/否、正确/不正确或买入/卖出等。为了理解如何使用二值分类，我们考虑一个发行信用卡的分类系统。该分类系统必须决定如何响应新的潜在客户。该系统要么“发行信用卡”，要么“拒绝发行信用卡”。

当你只考虑两个类别时，目标函数的得分是假阳性（False Positive，FP）预测的数量和假阴性（False Negative，FN）预测的数量。假阴性和假阳性都是错误的类型，理解它们的差异非常重要。对于前面的例子，发行信用卡是阳性的。当向某人发行信用卡会带来严重的信用风险时，就会发生假阳性。当拒绝发给风险很低的人信用卡时，就会产生假阴性。

在假阳性和假阴性这两个选项中，我们可以两害相权取其轻。对于大多数发行信用卡的银行，假阳性比假阴性更糟糕。拒绝一个潜在的、好的信用卡持有人，比接受一个坏信用卡持有人更好，后者会导致银行进行昂贵的收款活动。

分类问题试图将输入分配给一个或多个类别。二值分类采用单输出神经网络，将输入分为两类。让我们考虑汽车MPG数据集。

对于汽车MPG数据集，我们可能会为制造于美国的汽车创建分类。名为origin的字段提供有关汽车总成位置的信息。因此，单输出神经元将给出一个数字，表明该汽车在美国制造的可能性。

要进行这种预测，你需要更改origin字段，让它保存一个值，这

个值在 1 到激活函数的低端范围内。如 S 型激活函数范围的下限为 0；对于双曲正切激活函数，其范围的下限为 −1。神经网络将输出一个值，该值表明汽车在美国或其他地方制造的可能性。值接近 1 表示汽车来自美国的可能性更高，值接近 0 或 −1 表示汽车来自美国以外地区的可能性更高。

你必须选择一个判定临界值，将这些预测结果分为美国或非美国。如果美国为 1.0，非美国为 0.0，那么我们可以选择 0.5 作为判定临界值。因此，输出为 0.6 的汽车将来自美国，而输出为 0.4 的汽车将来自非美国。

这个神经网络在对汽车进行分类时总是会产生错误，美国制造的汽车可能会产生 0.45 的输出，由于神经网络的输出低于判定临界值，因此无法将汽车归入正确的类别。因为我们设计这个神经网络是为了对美国制造的汽车进行分类，所以该错误称为假阴性。换言之，神经网络表明该汽车不是美国制造的，但该汽车实际上来自美国，产生了阴性结果，因此，分为阴性是错误的。这个错误也称为 2 型错误。

同样，神经网络可能会错误地将非美国的汽车归类为美国的。这种错误是假阳性或 1 型错误。更易于产生假阳性的神经网络被称为更具“特异性（specific）”的神经网络。同样，产生更多假阴性的神经网络被称为更具“敏感性（sensitive）”的神经网络。图 5-2 总结了真 / 假、阳性 / 阴性、1 型 /2 型错误，敏感性 / 特异性之间的关系。

真阳性（TP）/ 假阳性（FP）	1 型错误	测试的敏感性
真阴性（TN）/ 假阴性（FN）	2 型错误	测试的特异性

图 5-2　错误类型之间的关系

设置输出神经元的判定临界值，就是选择敏感性还是特异性谁更重要。如图 5-3 所示，可以通过调整判定临界值来使神经网络更具敏感性或特异性。

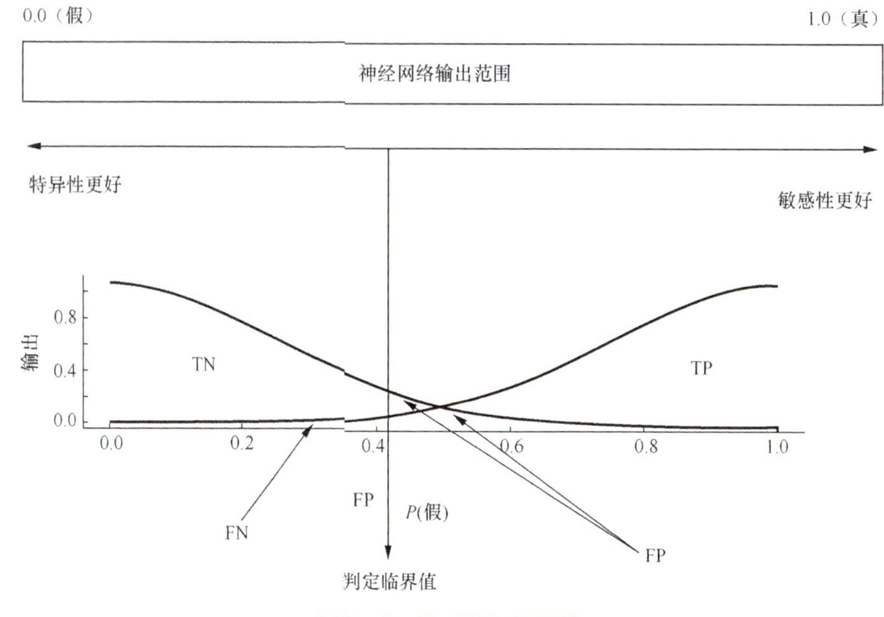

图5-3　敏感性与特异性

随着判定临界值线向左移动，神经网络将变得更具特异性。真阴性（True Negative，TN）区域的尺寸减小使这种特异性的提高显而易见。相反，随着判定临界值线向右移动，神经网络将变得更具敏感性。真阳性（True Positive，TP）区域的尺寸减小使这种敏感性的提高很明显。

敏感性的提高通常会导致特异性降低。图5-4展示了旨在使神经网络非常敏感的判定临界值。

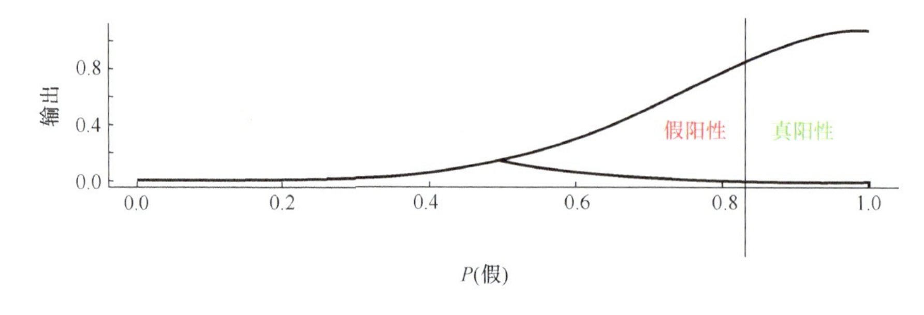

图5-4　敏感判定临界值

也可以对神经网络进行校准，提高特异性，如图 5-5 所示。

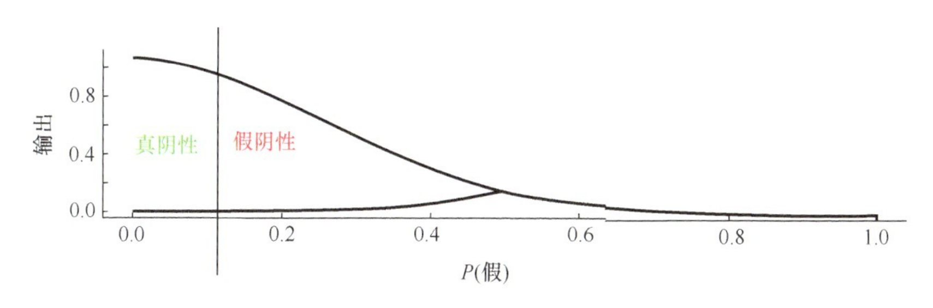

图5-5 特异判定临界值

达到 100% 的特异性或敏感性不一定是好事。通过简单地预测每个人都没有患某种疾病，得出医学检验可以达到 100% 的特异性。该测试永远不会产生假阳性错误，因为它永远不会给出阳性答案。显然，该测试没有意义。高度特异性或敏感性的神经网络会产生同样的毫无意义的结果。我们需要一种方法来评估与判定临界值点无关的神经网络的总有效性。总预测率（Total Prediction Rate，TPR）结合了真阳性和真阴性的百分比。公式 5-1 可以计算 TPR：

$$TPR = \frac{TP + TN}{TP + TN + FP + FN} \tag{5-1}$$

此外，你可以使用“受试者工作特征”（Receiver Operator Characteristic，ROC）曲线来可视化 TPR，如图 5-6 所示。

图 5-6 展示了 3 种不同的 ROC 曲线。虚线显示了具有零预测能力的 ROC；点线表示预测能力较好的神经网络；实线表示预测能力接近完美的神经网络。要解读 ROC 图，请先看以 0% 标记的原点。所有 ROC 曲线总是从原点开始，然后移动到右上角，在这里真阳性和假阳性均为 100%。

y 轴显示真阳性率从 0% 到 100%。当你沿 y 轴向上移动时，真阳性率和假阳性率都会增加。随着真阳性率的增加，敏感性也增加，但

是，特异性会下降。ROC 曲线允许你选择所需的敏感性级别，但它也显示了达到该敏感性级别必须接受的假阳性率。

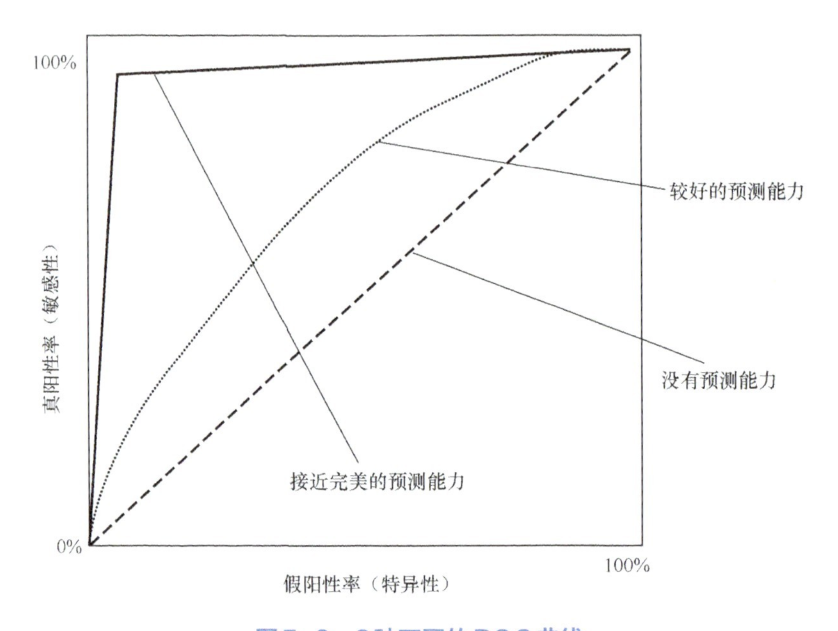

图5-6 3种不同的ROC曲线

最差的神经网络（虚线）总是具有 50% 的总预测率。这样的总预测率并不比随机猜测更好。要获得 100% 的真阳性率，必定会有 100% 的假阳性率，这仍然会导致一半的预测错误。

以下网址可让你尝试使用简单的神经网络和 ROC 曲线：

http://www.heatonresearch.com/aifh/vol3/anneal_roc.html

我们可以用模拟退火在上述网址上训练神经网络。每次“退火期”（annealing epoch）完成时，该神经网络都会改进。我们可以通过均方差（Mean Squared Error，MSE）计算来衡量这种改进。随着 MSE 的下降，ROC 曲线向左上角伸展。我们将在后文详细介绍 MSE。现在，将它与预期输出进行比较，只需将它看成对神经网络误差的度量即可。较低的 MSE 是理想的。图 5-7 展示了我们对神经网络进行多次迭代训练后的 ROC 曲线。

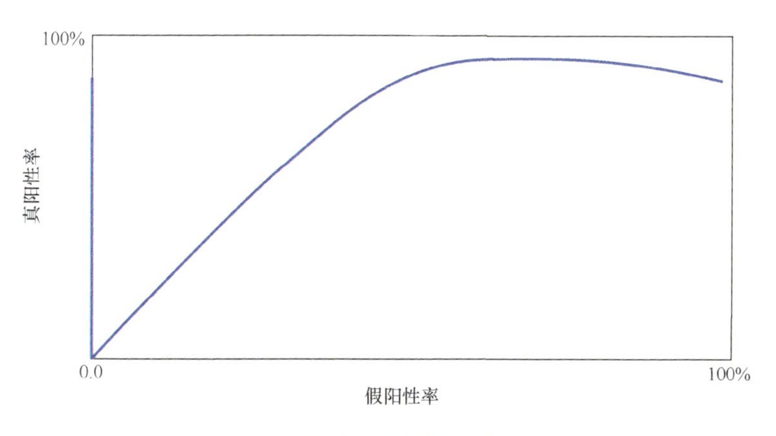

图5-7 ROC曲线

重要的是要注意，目标并不总是使总预测率最大化。有时，假阳性比假阴性更好。考虑一个预测桥梁倒塌的神经网络。一方面，假阳性意味着当桥梁实际安全时，程序会预测倒塌。在这种情况下，检查结构合理的桥梁会浪费工程师的时间。另一方面，假阴性意味着神经网络预测桥梁安全时，实际会倒塌。与浪费工程师的时间相比，桥梁倒塌的后果要糟得多。因此，你应该安排具有很高特异性的神经网络。

要评估神经网络的总体有效性，应考虑曲线下的面积（Area Under the Curve，AUC）。最佳 AUC 为 1.0，这是一个 100%×100%（1.0×1.0）的矩形，它将曲线下的面积推到最大。解读 ROC 曲线时，更有效的神经网络在曲线下方有更多空间。图 5-6 中显示的曲线与这种评估相符。

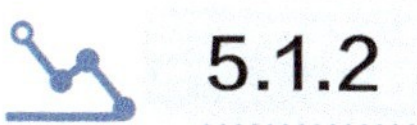

5.1.2 多类分类

如果要预测多个结果，则将需要多个输出神经元。因为单个神经

元可以预测两个结果，所以带有两个输出神经元的神经网络是很少见的。如果要预测3个或更多结果，则将有3个或更多输出神经元。本系列图书的卷1《基础算法》展示了一种方法，该方法可以将3个结果编码为两个输出神经元。

考虑Fisher的鸢尾花数据集。针对3种不同物种的鸢尾花，该数据集包含了4种不同的测量值。

鸢尾花数据集的样本数据如下所示：

```
sepal_length,sepal_width,petal_length,petal_width,species
5.1,3.5,1.4,0.2,Iris-setosa
4.9,3.0,1.4,0.2,Iris-setosa
7.0,3.2,4.7,1.4,Iris-versicolour
6.4,3.2,4.5,1.5,Iris-versicolour
6.3,3.3,6.0,2.5,Iris-virginica
5.8,2.7,5.1,1.9,Iris-virginica
```

根据4个测量值可以预测这些物种。对于这种预测，这4个测量值的含义并不重要，重要的是这些测量值将指导神经网络进行预测。图5-8展示了可以预测鸢尾花数据集的神经网络结构。

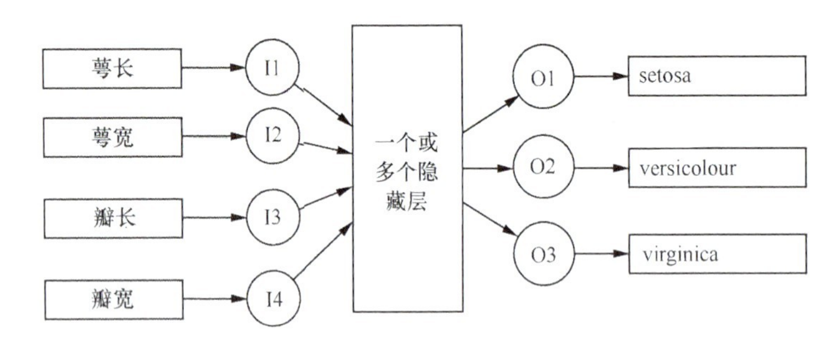

图5-8　可以预测鸢尾花数据集的神经网络结构

图5-8所示的神经网络接受4个测量结果并输出3个数字。每个输出与一个鸢尾花物种相对应。产生最高数值的输出神经元决定了预测的物种。

5.1.3 对数损失

分类网络可以从输入数据推导出一个分类。如 4 个鸢尾花测量值可以将数据分组为 3 种鸢尾花。评估分类的一种简单方法，是将它看成仅有选择题题型的考试，并返回百分比得分。尽管这种方法应用得很普遍，但是大多数机器学习模型都无法像你在学校那样回答多项选择题。请考虑可能会在考试中出现的以下问题：

```
1. 鸢尾花 setosa 会有萼片长 5.1 厘米、萼片宽 3.5 厘米、花瓣长 1.4 厘米、花瓣宽 0.2 厘米吗？
A) True
B) False
```

这正是神经网络在分类任务中必须面对的问题类型。但是，神经网络不会回答 True 或 False。它会用以下方式回答问题：

```
True: 80%
```

上面的响应意味着神经网络有 80% 的概率确信这朵花是 setosa。这项技术如果可以应用在你的考试上，则会非常方便。如果你不能在是非题之间做出选择，只需将 80% 的置信度置于 True 上即可。得分相对容易，因为你会得到正确答案相应置信度的得分比例。在这个例子中，如果 True 是正确的答案，则该问题将会获得 80% 的得分。

但是，对数损失（log loss）不是那么简单的。公式 5-2① 是对数损失的公式：

$$logloss(\hat{y}) = -\frac{1}{N}\sum_{i=1}^{N}[y_i \lg(\hat{y}_i) + (1-y_i)\lg(1-\hat{y}_i)] \qquad (5\text{-}2)$$

你应将这个公式仅用作具有两个分类结果的目标函数。其中变量$\hat{y}$

① 公式中lg表示以10为底的对数。——编者注

是神经网络的预测，变量 y 是已知的正确答案。在这种情况下，y_i 始终为0或1。训练数据没有概率，神经网络将它分为一类（1）或另一类（0）。

变量 N 代表训练集中的元素数量，即测验中的问题数量。我们将结果除以 N，因为这个过程按惯例求的是平均。我们在该方程前添加负号，因为对数函数在域0 ~ 1上始终为负。这个负号允许最小化训练的正得分。

你会注意到公式 5-2 中等号右边的两个项之间用加号（+）隔开。每个项都包含一个对数函数。因为 y_i 为 0 或 1，所以这两个项之一将被 0 消除。如果 y_i 为 0，则第一项为 0；如果 y_i 为 1，则第二项为 0。

对于两类预测，如果你对第一类的预测是 $\hat{y}_i$，那么对第二类的预测是 $1-\hat{y}_i$。本质上，如果你对 A 类的预测为 70%（0.7），那么对 B 类的预测为 30%（0.3）。你的得分会根据你对正确分类的预测对数而增加。如果神经网络对 A 类预测为 1.0，并且正确答案为 A，则你的得分将增加 lg(1)，即 0。对于对数损失，我们追求较低的得分，因此正确答案导致得分为 0。以下是神经网络对正确类别的概率估计的一些对数值：

- $-\lg(1.0) = 0$；
- $-\lg(0.95) = 0.02$；
- $-\lg(0.9) = 0.05$；
- $-\lg(0.8) = 0.1$；
- $-\lg(0.5) = 0.3$；
- $-\lg(0.1) = 1$；
- $-\lg(0.01) = 2$；
- $-\lg(1.0\text{e}-12) = 12$；
- $-\lg(0.0) =$ 无穷大。

如你所见，为正确答案给出低置信度对得分的影响最大。因为 lg(0) 是负无穷大，所以我们通常强加一个最小值。当然，以上对数值是针对单个训练集元素的。我们将对整个训练集的对数值进行求平均。

 5.1.4 多类对数损失

如果对两个以上的结果进行分类，则必须使用多类对数损失（multi-class log loss，mlogloss）。这个损失函数与刚才描述的二值对数损失密切相关。公式 5-3 是多类对数损失的公式：

$$mlogloss(\hat{y}) = -\frac{1}{N}\sum_{i=1}^{N}\sum_{j=1}^{M} y_{i,j}\lg(\hat{y}_{i,j}) \qquad (5\text{-}3)$$

在公式 5-3 中，N 是训练集元素的数量，M 是分类过程的类别数量。从概念上讲，多类对数损失函数的作用类似于单个对数损失函数。上面的等式本质上为你提供一个得分，该得分是每个数据集上正确类别预测的负对数的平均值。公式 5-3 中最里面的求和作为一个 if-then 语句，仅允许 $y_{i,j}$ 为 1.0 的正确分类对求和有贡献。

5.2 评估回归

均方差（MSE）计算是评估回归机器学习的最常用方法。大多数神经网络、支持向量机和其他模型的示例都采用了 MSE[①]，如公式 5-4 所示：

$$MSE(\hat{y}) = \frac{1}{n}\sum_{i=1}^{n}(\hat{y}_i - y_i)^2 \qquad (5\text{-}4)$$

在公式 5-4 中，y_i 是理想输出，$\hat{y}_i$是实际输出。均方差的本质是各个差的平方的均值。因为对单个差求平方，所以差的正负性不影响 MSE 的值。

你可以用 MSE 评估分类问题。为了用 MSE 评估分类输出，每个分类的概率都被简单地看成数字输出。对于正确的类，预期的输出就

① Draper，1998。

是 1.0，对于其他类，预期的输出则为 0。如果第一类是正确的，而其他三类是错误的，则预期结果向量将如下：

```
[1.0, 0, 0, 0]
```

这样，你几乎可以将任何回归目标函数用于分类。各种函数，如均方根（Root Mean Square，RMS）和误差平方和（Sum of Squares Error，SSE），都可以用于评估回归，我们在本系列图书卷 1《基础算法》中讨论了这些函数。

5.3 模拟退火训练

要训练神经网络，必须定义它的任务。目标函数（也称为计分或损失函数）可以生成这些任务。本质上，目标函数会评估神经网络并返回一个数值，表明该神经网络的有用程度。训练会在每次迭代中修改神经网络的权重，从而提高目标函数返回的值。

模拟退火是一种有效的优化技术，已在本系列图书卷 1 中进行了探讨。在本章中，我们将回顾模拟退火，展示任意向量优化函数如何改善前馈神经网络的权重。在第 6 章中，我们将利用可微损失函数，研究更高级的优化技术。

回顾一下，模拟退火的工作原理是首先将神经网络的权向量赋为随机值，然后将这个向量看成一个位置，程序会评估从该位置开始的所有可能移动。要了解神经网络权重向量如何转换为位置，请考虑只有 3 个权重的神经网络。在现实世界中，我们用 x、y 和 z 坐标来考虑位置。我们可以将任意位置写成有 3 个分量的向量。如果我们希望只在其中 1 个维度上移动，那么向量总共可以在 6 个方向上移动。我们可以选择在 x、y 或 z 维度上向前或向后移动。

通过在所有可用的维度上向前或向后移动，模拟退火实现其功能。如果该算法采取了最佳移动，那么将形成简单的爬山算法。爬山只会提高得分，因此，它也被称为贪心算法。为了达到最佳位置，算法有时需要移到较低的位置。因此，模拟退火很多时候有进两步、退一步的表现。

换言之，模拟退火有时会允许移动到具有较差得分的权重配置。接受这种移动的概率开始很高，而后逐渐降低。这种概率称为当前温度，它模拟了实际的冶金退火过程。图 5-9 展示了模拟退火的整个过程。

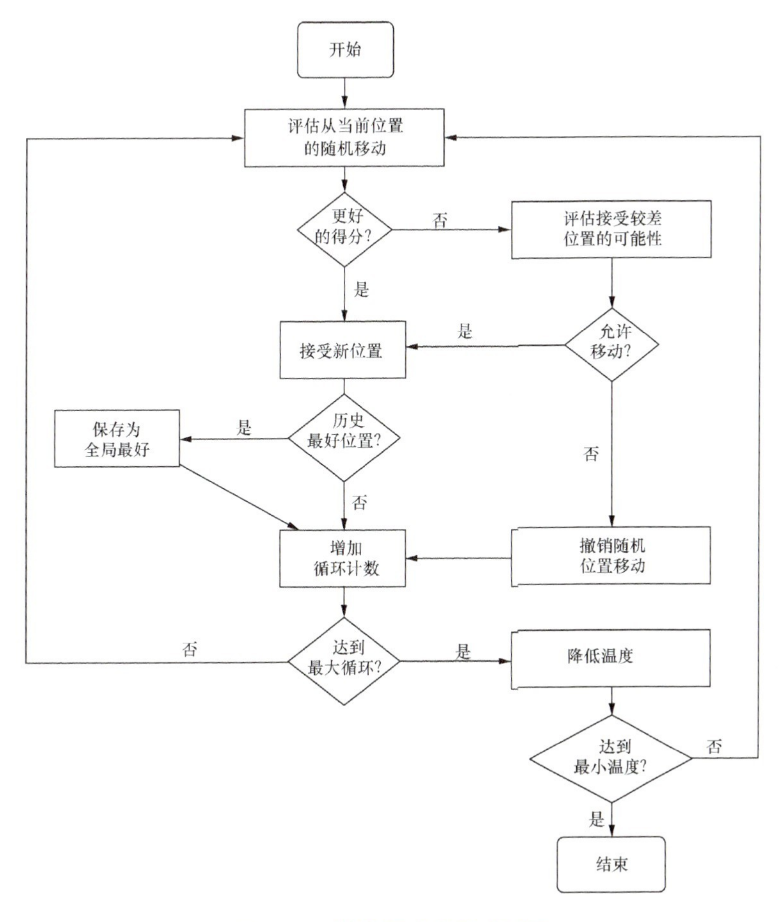

图5-9 模拟退火的整个过程

前馈神经网络可以利用模拟退火来学习鸢尾花数据集。以下程序展示了这种训练的输出：

```
Iteration #1, Score=0.3937, k=1,kMax=100,t=343.5891,prob=0.9998
Iteration #2, Score=0.3937, k=2,kMax=100,t=295.1336,prob=0.9997
Iteration #3, Score=0.3835, k=3,kMax=100,t=253.5118,prob=0.9989
Iteration #4, Score=0.3835, k=4,kMax=100,t=217.7597,prob=0.9988
Iteration #5, Score=0.3835, k=5,kMax=100,t=187.0496,prob=0.9997
Iteration #6, Score=0.3835, k=6,kMax=100,t=160.6705,prob=0.9997
Iteration #7, Score=0.3835, k=7,kMax=100,t=138.0116,prob=0.9996
...
Iteration #99, Score=0.1031, k=99,kMax=100,t=1.16E-4,prob=
2.8776E-7
Iteration #100, Score=0.1031, k=100,kMax=100,t=9.9999E-5,prob=
2.1443E-70
Final score: 0.1031
[0.22222222222222213, 0.6249999999999999, 0.06779661016949151,
0.04166666666666667] -> Iris-setosa, Ideal: Iris-setosa
[0.1666666666666668, 0.41666666666666663, 0.06779661016949151,
0.04166666666666667] -> Iris-setosa, Ideal: Iris-setosa
...
[0.6666666666666666, 0.41666666666666663, 0.711864406779661,
0.9166666666666666] -> Iris-virginica, Ideal: Iris-virginica
[0.5555555555555555, 0.20833333333333331, 0.6779661016949152,
0.75] -> Iris-virginica, Ideal: Iris-virginica
[0.611111111111111, 0.41666666666666663, 0.711864406779661,
0.7916666666666666] -> Iris-virginica, Ideal: Iris-virginica
[0.5277777777777778, 0.5833333333333333, 0.7457627118644068,
0.9166666666666666] -> Iris-virginica, Ideal: Iris-virginica
[0.44444444444444453, 0.41666666666666663, 0.6949152542372881,
0.7083333333333334] -> Iris-virginica, Ideal: Iris-virginica
[1.178018083703488, 16.66575553359515, -0.6101619300462806,
-3.9894606091020965, 13.989551673146842, -8.87489712462323,
8.027287801488647, -4.615098285283519, 6.426489182215509,
-1.4672962642199618, 4.136699061975335, 4.20036115439746,
0.9052469139543605, -2.8923515248132063, -4.733219252086315,
18.6497884912826, 2.5459600552510895, -5.618872440836617,
4.638827606092005, 0.8887726364890928, 8.730809901357286,
-6.4963370793479545, -6.4003385330186795, -11.820235441582424,
-3.29494170904095, -1.5320936828139837, 0.1094081633203249,
```

```
0.26353076268018827, 3.935780218339343, 0.8881280604852664,
-5.048729642423418, 8.288232057956957, -14.686080237582006,
3.058305829324875, -2.4144038920292608, 21.76633883966702,
12.151853576801647, -3.6372061664901416, 6.28253174293219,
-4.209863472970308, 0.8614258660906541, -9.382012074551428,
-3.346419915864691, -0.6326977049713416, 2.1391118323593203,
0.44832732990560714, 6.853600355726914, 2.8210824313745957,
1.3901883615737192, -5.962068350552335, 0.502596306917136]
```

最初的随机神经网络，多类对数损失得分很高，即 30。随着训练的进行，该值一直下降，直到足够低时训练停止。对于这个例子，一旦错误降至 10 以下，训练就会停止。要确定错误的良好停止点，你应该评估神经网络在预期用途下的运行情况。低于 0.5 的对数损失通常在可接受的范围内；但是，神经网络可能无法对所有数据集都达到这个得分。

以下网址展示了经过模拟退火训练的神经网络的示例：

http://www.heatonresearch.com/aifh/vol3/anneal_roc.html

5.4 本章小结

目标函数可以评估神经网络。它们只返回一个数值，该值表示神经网络的成功程度。回归神经网络通常使用 MSE。分类神经网络通常使用对数损失或多类对数损失函数。这些神经网络可创建自定义的目标函数。

模拟退火可以优化神经网络。你也可以利用本系列图书卷 1 和卷 2 中介绍的任何优化算法。实际上，你可以通过这种方式优化任意向量，因为优化算法不依赖于神经网络。在第 6 章中，你将看到几种专门为神经网络设计的训练算法。尽管这些训练算法通常更有效，但它们需要可微的目标函数。

第6章
反向传播训练

本章要点：

- 梯度计算；
- 反向传播；
- 学习率和动量；
- 随机梯度下降。

反向传播是训练神经网络的最常用方法之一。Rumelhart、Hinton和Williams（1986）引入了反向传播，该方法到今天仍然很流行。程序员经常使用反向传播训练深层神经网络，因为在图形处理单元上运行时，它的伸缩性很好。要了解这种用于神经网络的算法，我们必须探讨如何训练它，以及它如何处理模式。

经典的反向传播已得到扩展和修改，产生了许多不同的训练算法。本章中将讨论神经网络最常用的训练算法。我们从经典的反向传播开始，然后以随机梯度下降结束本章。

6.1 理解梯度

反向传播是梯度下降的一种，许多教科书中通常互换使用这两个术语。梯度下降是指针对每个训练元素，在神经网络中的每个权重上

计算一个梯度。由于神经网络不会输出训练元素的期望值，因此每个权重的梯度将为你提示如何修改权重以实现期望输出。如果神经网络确实输出了预期的结果，则每个权重的梯度将为0，这表明无需修改权重。

梯度是权重当前值下误差函数的导数。误差函数用于测量神经网络输出与预期输出的差距。实际上，我们可以使用梯度下降，在该过程中，每个权重的梯度可以让误差函数达到更低值。

梯度实质上是误差函数对神经网络中每个权重的偏导数。每个权重都有一个梯度，即误差函数的斜率。权重是两个神经元之间的连接。计算误差函数的梯度可以确定训练算法应增加，还是减小权重。反过来，这种确定将减小神经网络的误差。误差是神经网络的预期输出和实际输出之间的差异。许多不同的名为“传播训练算法”的训练算法都利用了梯度。总的来说，梯度告诉神经网络以下信息：

- 零梯度——权重不会导致神经网络的误差；
- 负梯度——应该增加权重以减小误差；
- 正梯度——应当减小权重以减小误差。

由于许多算法都依赖于梯度计算，因此我们从分析这个过程开始。

6.1.1 什么是梯度

首先，让我们探讨一下梯度。本质上，训练是对权重集的搜索，这将使神经网络对于训练集具有最小的误差。如果我们拥有无限的计算资源，那么只需尝试各种可能的权重组合，来确定在训练期间提供最小误差的权重。

因为我们没有无限的计算资源，所以必须使用某种快捷方式，以

避免需要检查每种可能的权重组合。这些训练算法利用了巧妙的技术，从而避免对所有权重进行蛮力搜索。但这种类型的穷举搜索将是不可能的，因为即使小型网络也具有无限数量的权重组合。

请考虑一幅图像，它展示每个可能权重的神经网络误差。图6-1展示了单个权重的误差。

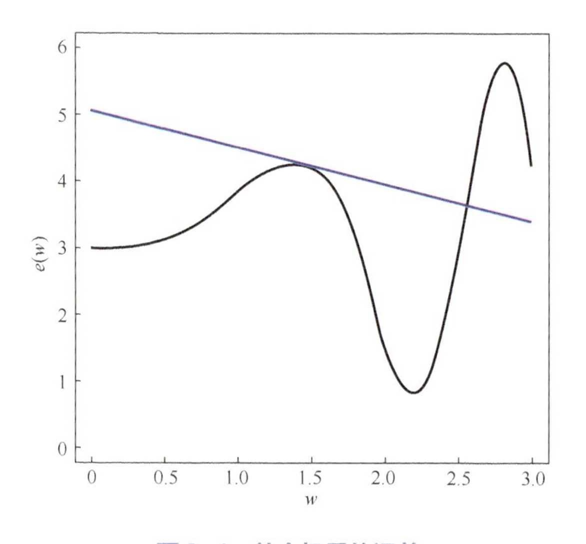

图6-1 单个权重的误差

从图6-1中很容易看到，最佳权重是曲线的 $e(w)$ 值最低的位置。问题是我们只看到当前权重的误差；我们看不到整幅图像，因为该过程需要穷尽的搜索。但是，我们可以确定特定权重下误差曲线的斜率。在图6-1中，我们看到误差曲线在 w=1.5 处的斜率。与误差曲线相切（在 w=1.5 处）的直线给出了斜率。在这个例子中，斜率或梯度为 −0.562 2。负斜率表示增大权重会降低误差。

梯度是指在特定权重下误差函数的瞬时斜率。误差曲线在该点的导数给出了梯度。这条线的倾斜程度告诉我们特定权重下误差函数的陡峭程度。

导数是微积分中最基本的概念之一。对于本书，你只需要了解导数在特定点处提供函数的斜率即可。训练技巧和该斜率可以为你提供信息，用于调整权重，从而降低误差。现在，利用梯度的实用定义，我们将展示如何计算它。

6.1.2 计算梯度

我们将为每个权重单独计算一个梯度。我们不仅关注方程，也关注梯度在具有真实数值的实际神经网络中的应用。图 6-2 展示了我们将使用的神经网络——XOR 神经网络。

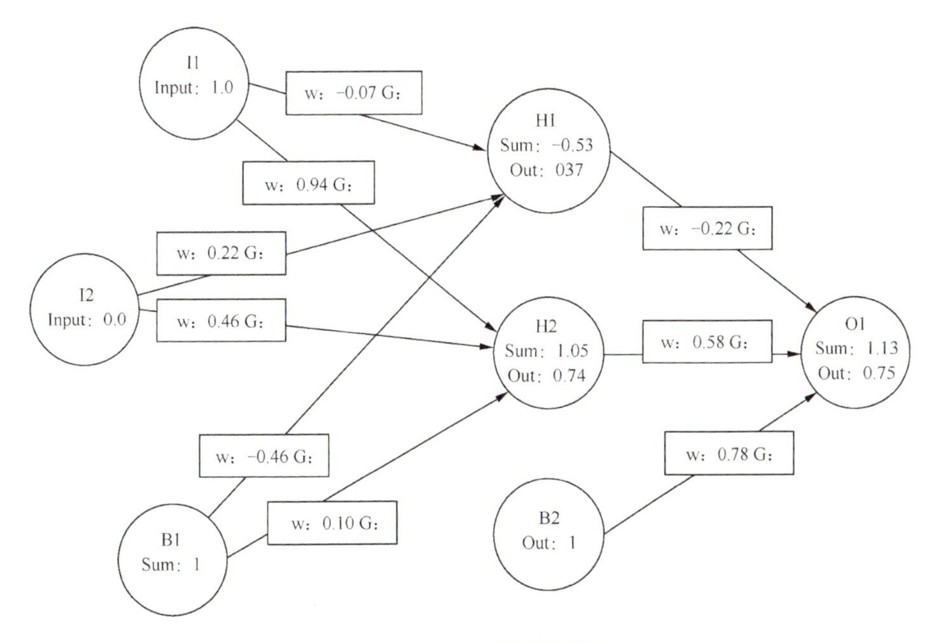

图6-2 XOR神经网络

此外，本书线上资源（见引言）的几个示例中使用了相同的神经网络。在本章中，我们将展示一些计算，说明神经网络的训练。我们必须使用相同的起始权重，让这些计算保持一致。但是，上述权重没

有什么特征，是由该程序随机生成的。

前面提到的神经网络是典型的三层前馈神经网络，就像我们之前研究的那样，圆圈表示神经元，连接圆圈的线表示权重，连接线中间的矩形给出每个连接的权重。

我们现在面临的问题是，计算神经网络中每个权重的偏导数。当一个方程具有多个变量时，我们使用偏导数。每个权重均被视为变量，因为这些权重将随着神经网络的变化而独立变化。每个权重的偏导数仅显示每个权重对误差函数的独立影响。该偏导数就是梯度。

可以用微积分的链式规则来计算每个偏导数。我们从一个训练集元素开始。对于图 6-2，我们提供 [1,0] 作为输入，并期望输出是 1。你可以看到我们将输入应用于图 6-2。第一个输入神经元的输入为 1.0，第二个输入神经元的输入为 0.0。

该输入通过神经网络馈送，并最终产生输出。第 4 章“前馈神经网络”介绍了计算输出与总和的确切过程。反向传播既有前向，也有反向。计算神经网络的输出时，就会发生前向传播。我们仅针对训练集中的这个数据项计算梯度，训练集中的其他数据项将具有不同的梯度。在后文，我们将讨论如何结合各个训练集元素的梯度。

现在我们准备计算梯度。下面总结了计算每个权重的梯度的步骤：

- 根据训练集的理想值计算误差；
- 计算输出节点（神经元）的增量；
- 计算内部神经元节点的增量；
- 计算单个梯度。

我们将在随后的内容中讨论这些步骤。

6.2 计算输出节点增量

为神经网络中的每个节点（神经元）计算一个常数值。我们将从输出节点开始，然后逐步通过神经网络反向传播。“反向传播”一词就来自这个过程。我们最初计算输出神经元的误差，然后通过神经网络向后传播这些误差。

节点增量是我们将为每个节点计算的值。层增量也描述了该值，因为我们可以一次计算一层的增量。在计算输出节点或内部节点时，确定节点增量的方法可能会有所不同。首先计算输出节点，并考虑神经网络的误差函数。在本书中，我们将研究二次误差函数和交叉熵误差函数。

6.2.1 二次误差函数

神经网络的程序员经常使用二次误差函数。实际上，你可以在网络上找到许多使用二次误差函数的示例。如果你正在阅读一个示例程序，但未提及具体的误差函数，那么该程序可能使用了二次误差函数，也称为 MSE 函数，我们在第 5 章“训练和评估”中讨论过。公式 6-1 展示了 MSE 函数：

$$MSE(\hat{\boldsymbol{y}})=\frac{1}{n}\sum_{i=1}^{n}(\hat{y}_i-y_i)^2 \qquad (6\text{-}1)$$

公式 6-1 将神经网络的实际输出（$\boldsymbol{y}$）与预期输出（$\hat{\boldsymbol{y}}$）进行了比较。变量 $\boldsymbol{n}$ 为训练元素的数量乘以输出神经元的数量。MSE 将多个输出神经元处理为单个输出神经元的情况。公式 6-2 展示了使用二次误差函数的节点增量：

$$\delta_i=(\hat{y}_i-y_i)\phi_i' \qquad (6\text{-}2)$$

二次误差函数非常简单，因为它取了神经网络的预期输出与实际输出之间的差。ϕ' 表示激活函数的导数。

6.2.2 交叉熵误差函数

二次误差函数有时可能需要很长时间才能正确调整权重。公式 6-3 展示了交叉熵误差（Cross-entropy Error，CE）函数：

$$CE(\hat{y}) = -\frac{1}{n}\sum_{i=1}^{n}(y_i \ln \hat{y}_i + (1-y_i)\ln(1-\hat{y}_i)) \tag{6-3}$$

如公式 6-4 所示，采用交叉熵误差函数的节点增量计算要比采用 MSE 函数简单得多。

$$\delta_i = \hat{y}_i - y_i \tag{6-4}$$

交叉熵误差函数通常会比二次误差函数结果更好，因为二次误差函数会为误差创建一个陡峭的梯度。我们推荐采用交叉熵误差函数。

6.3 计算剩余节点增量

既然已经根据适当的误差函数计算了输出节点的增量，我们就可以计算内部节点的增量，如公式 6-5 所示：

$$\delta_i = \phi_i' \sum_k w_{ki}\delta_k \tag{6-5}$$

我们将为所有隐藏和无偏置神经元计算节点增量，但无须为输入和偏置神经元计算节点增量。即使我们可以使用公式 6-5 轻松计算输入和偏置神经元的节点增量，梯度计算也不需要这些值。你很快会看到，权重的梯度计算仅考虑权重所连接的神经元。偏置和输入神经元只是连接的起点，它们从来不是终点。

如果你希望看到梯度计算过程，有几个 JavaScript 示例显示了这些计算过程。这些示例可以在以下 URL 中找到：

```
http://www.heatonresearch.com/aifh/vol3/
```

6.4 激活函数的导数

反向传播过程需要激活函数的导数，它们通常确定反向传播过程将如何执行。大多数现代深度神经网络都使用线性、Softmax 和 ReLU 激活函数。我们还会探讨 S 型和双曲正切激活函数的导数，以便理解 ReLU 激活函数为何表现如此出色。

6.4.1 线性激活函数的导数

线性激活函数被认为不是激活函数，因为它只是返回给定的任何值。因此，线性激活函数有时称为一致激活函数。该激活函数的导数为 1，如公式 6-6 所示：

$$\phi'(x)=1 \tag{6-6}$$

如前文所述，希腊字母 ϕ 表示激活函数，在 ϕ 右上方的撇号表示我们正在使用激活函数的导数。这是导数的几种数学表示形式之一。

6.4.2 Softmax 激活函数的导数

在本书中，Softmax 激活函数和线性激活函数仅在神经网络的输出层上使用。如第 1 章“神经网络基础”所述，Softmax 激活函数与其他激活函数的不同之处在于，其值还取决于其他输出神经元，而不仅仅取决于当前正在计算的输出神经元。方便起见，公式 6-7 再次展

示了 Softmax 激活函数：

$$\phi_i = \frac{e^{z_i}}{\sum\limits_{j \in group} e^{z_j}} \quad (6\text{-}7)$$

z 向量代表所有输出神经元的输出。公式 6-8 展示了该激活函数的导数：

$$\frac{\partial \phi_i}{\partial z_i} = \phi_i (1 - \phi_i) \quad (6\text{-}8)$$

对于上述导数，我们使用了稍微不同的符号。带有草书风格的 ∂ 符号的比率表示偏导数，当你对具有多个变量的方程进行微分时会使用这个符号。要取偏导数，可以将方程对一个变量微分，而将所有其他变量保持不变。上部的 ∂ 指出要微分的函数。在这个例子中，要微分的函数是激活函数 ϕ。下部的 ∂ 表示偏导数的分别微分。在这个例子中，我们正在计算神经元的输出，所有其他变量均视为常量。微分是瞬时变化率：一次只有一个变量能变化。

如果使用交叉熵误差函数，就不会使用线性或 Softmax 激活函数的导数来计算神经网络的梯度。通常你只在神经网络的输出层使用线性和 Softmax 激活函数。因此，我们无须担心它们对于内部节点的导数。对于使用交叉熵误差函数的输出节点，线性和 Softmax 激活函数的导数始终为 1。因此，你几乎不会对内部节点使用线性或 Softmax 激活函数的导数。

6.4.3 S 型激活函数的导数

公式 6-9 展示了 S 型激活函数的导数：

$$\phi'(x)=\phi(x)(1-\phi(x)) \quad (6\text{-}9)$$

机器学习经常利用公式 6-9 中表示的 S 型激活函数。我们通过对 S 型函数的导数进行代数运算来导出该公式，以便在其自身的导数计算中使用 S 型激活函数。为了提高计算效率，上述激活函数中的希腊字母 ϕ 表示 S 型激活函数。在前馈过程中，我们计算了 S 型激活函数的值。保留 S 型激活函数的值使 S 型激活函数的导数易于计算。如果你对如何得到公式 6-9 感兴趣，可以参考以下网址：

http://www.heatonresearch.com/aifh/vol3/deriv_sigmoid.html

6.4.4 双曲正切激活函数的导数

公式 6-10 给出了双曲正切激活函数的导数：

$$\phi'(x)=1-\phi^2(x) \tag{6-10}$$

在本书中，我们建议使用双曲正切激活函数，而不是 S 型激活函数。

6.4.5 ReLU 激活函数的导数

公式 6-11 展示了 ReLU 激活函数的导数：

$$\phi'(x)=\begin{cases}1, & x>0\\0, & x\leqslant 0\end{cases} \tag{6-11}$$

严格来说，ReLU 激活函数在 0 处没有导数，但是，由于约定，当 x 为 0 时，0 处的梯度被替换。具有 S 型和双曲正切激活函数的深层神经网络可能难以通过反向传播进行训练。造成这一困难的因素很多，梯度消失问题是最常见的原因之一。图 6-3 展示了双曲正切激活函数及其梯度 / 导数。

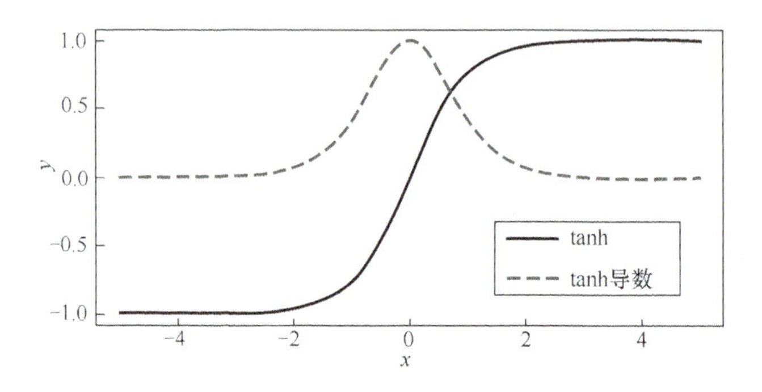

图6-3　双曲正切激活函数及其梯度/导数

图 6-3 表明，当双曲正切激活函数（实线）接近 −1 和 1 时，双曲正切激活（虚线）的导数消失为 0。S 型和双曲正切激活函数都有这个问题，但 ReLU 激活函数没有。图 6-4 展示了 S 型激活函数及其消失的导数。

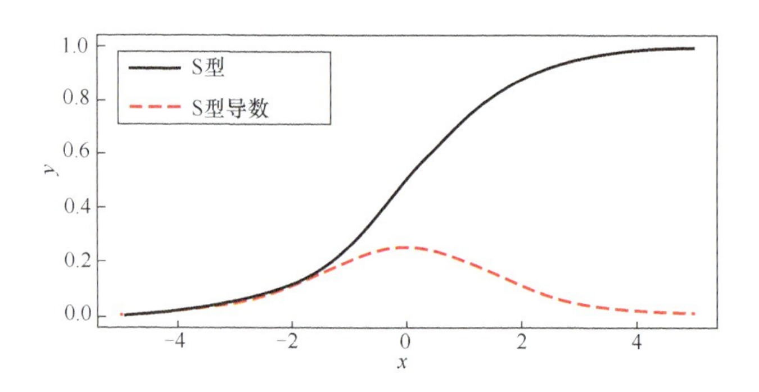

图6-4　S 型激活函数及其消失的导数

6.5 应用反向传播

反向传播是一种简单的训练算法，可以利用计算出的梯度来调整神经网络的权重。该方法是梯度下降的一种形式，因为我们将梯度降到较低的值。随着程序调整这些权重，神经网络将产生更理想的输

出。神经网络的整体误差应随着训练而下降。在探讨反向传播权重的更新过程之前，我们必须先探讨更新权重的两种不同方式。

6.5.1 批量训练和在线训练

我们已经展示了如何为单个训练集元素计算梯度。在本章的前面，我们对神经网络输入 [1,0] 并期望输出 1 的情况计算了梯度。对于单个训练集元素，这个结果是可以接受的，但是，大多数训练集都有很多元素。因此，我们可以通过两种方式来处理多个训练集元素，即在线训练和批量训练。

在线训练意味着你需要在每个训练集元素之后修改权重。利用在第一个训练集元素中获得的梯度，你可以计算权重并对它们进行更改。训练进行到下一个训练集元素时，也会计算并更新神经网络。训练将继续进行，直到你用完每个训练集元素为止。至此，训练的一个迭代或一轮（epoch）已经完成。

批量训练也利用了所有训练集元素，但是，我们不着急更新所有权重。作为替代，我们对每个训练集元素的梯度求和。一旦我们完成了对训练集元素梯度的求和，就可以更新神经网络权重。至此，迭代完成。

有时，我们可以设置批量的大小。如你的训练集可能有 10 000 个元素，此时可选择每 1 000 个元素更新一次神经网络的权重，从而使神经网络权重在训练迭代期间更新 10 次。

在线训练是反向传播的最初方式。如果要查看该程序批处理版本的计算，请参考以下在线示例：

```
http://www.heatonresearch.com/aifh/vol3/xor_batch.html
```

6.5.2 随机梯度下降

批量训练和在线训练不是反向传播的仅有选择。随机梯度下降（SGD）是反向传播算法中最受欢迎的算法。SGD 可以用批量或在线训练模式工作。在线 SGD 简单地随机选择训练集元素，然后计算梯度并执行权重更新。该过程一直持续到误差达到可接受的水平为止。与每次迭代遍历整个训练集相比，选择随机训练集元素通常会更快收敛到可接受的权重。

批量 SGD 可通过选择批量大小来实现。对于每次迭代，随机选择数量不应超过所选批量大小的训练集元素，因此选择小批量。更新时像常规反向传播批量处理更新一样，将小批量处理中的梯度相加。这种更新与常规批量处理更新非常相似，不同之处在于，每次需要批量时都会随机选择小批量。迭代通常以 SGD 处理单个批量。批量大小通常比整个训练集小得多。批量大小的常见选择是 600。

6.5.3 反向传播权重更新

现在，我们准备更新权重。如前所述，我们将权重和梯度视为一维数组。给定这两个数组，我们准备为反向传播训练的迭代计算权重更新。公式 6-12 给出了为反向传播更新权重的公式：

$$\Delta w_{(t)} = -\varepsilon \frac{\partial E}{\partial w_{(t)}} + \alpha \Delta w_{(t-1)} \qquad (6\text{-}12)$$

公式 6-12 计算权重数组中每个元素的权重变化。你也会注意到，公式 6-12 要求对来自上一次迭代的权重进行改变。你必须将这些值保存在另一个数组中。如前所述，权重更新的方向与梯度的符号相反：正梯度会导致权重减小，反之负梯度会导致权重增大。由于这种相反关系，公式 6-12 以负号开始。

公式 6-12 将权重增量计算为梯度与学习率（以 ε 表示）的乘积。此外，我们将之前的权重变化与动量值（以 α 表示）的乘积相加。学习率和动量是我们必须提供给反向传播算法的两个参数。选择学习率和动量的值对训练的表现非常重要。不幸的是，确定学习率和动量主要是通过反复试验实现的。

学习率对梯度进行缩放，可能减慢或加快学习速度。低于 1.0 的学习率会减慢学习速度。如学习率为 0.5 会使每个梯度减少 50%；高于 1.0 的学习率将加速训练。实际上，学习率几乎总是低于 1。

选择过高的学习率会导致你的神经网络无法收敛，并且会产生较高的全局误差，而不会收敛到较低值。选择过低的学习率将导致神经网络花费大量时间实现收敛。

和学习率一样，动量也是一个缩放因子。尽管是可选的，但动量确定了上一次迭代的权重变化中有百分之多少应该应用于这次迭代。如果你不想使用动量，只需将它的值指定为 0。

动量是用于反向传播的一项技术，可帮助训练逃避局部最小值，这些最小值是误差图上的低点所标识的值，而不是真正的全局最小值。反向传播倾向于找到局部最小值，而不能再次跳出来。这个过程导致训练收敛误差较高，这不是我们期望的。动量可在神经网络当前变化的方向上对它施加一些力，让它突破局部最小值。

6.5.4 选择学习率和动量

动量和学习率有助于训练的成功，但实际上它们并不是神经网络的一部分。一旦训练完成，训练后的权重将保持不变，不再使用动量

或学习率。它们本质上是一种临时的"脚手架"，用于创建训练好的神经网络。选择正确的动量和学习率会影响训练的效果。

学习率会影响神经网络训练的速度，降低学习率会使训练更加细致。较高的学习率可能会跳过最佳权重设置，较低的学习率总是会产生更好的结果，但是，降低训练速度会大大增加运行时间。在神经网络训练中降低学习率可能是一种有效的技术。

你可以用动量来对抗局部最小值。如果你发现神经网络停滞不前，则较高的动量值可能会使训练超出其遇到的局部最小值。归根结底，为动量和学习率选择好的值是一个反复试验的过程。你可以根据训练的进度进行调整。动量通常设置为0.9，学习率通常设置为0.1或更低。

6.5.5 Nesterov动量

由于小批量引入的随机性，SGD算法有时可能产生错误的结果。权重可能会在一次迭代中获得非常有益的更新，但是训练元素的选择不当会使其在下一个小批量中被撤销。因此，动量是一种资源丰富的工具，可以减轻这种不稳定的训练结果。

Nesterov动量是Yu Nesterov在1983年发明的一种较新的技术应用，该技术在他的 *Introductory Lectures on Convex Optimization: A Basic Course* 一书中得到了更新[①]。有时将该技术称为Nesterov的加速梯度下降。尽管对Nesterov动量的完整数学解释超出了本书的范围，但我们将针对权重进行详细介绍，以便你可以实现它。本书的示例（包括在线JavaScript的示例）包含Nesterov动量的实现。此外，本

① Nesterov，2003。

书的线上资源包含一些针对 Nesterov 动量权重更新的 JavaScript 示例程序。

公式 6-13 基于学习率（ε）和动量（α）计算部分权重更新：

$$n_{(0)} = 0, n_{(t)} = \alpha n_{(t-1)} + \varepsilon \frac{\partial E}{\partial w_{(t)}} \tag{6-13}$$

当前迭代用 t 表示，前一次迭代用 $t-1$ 表示。这种部分权重更新称为 n，最初从 0 开始。部分权重更新的后续计算基于部分权重更新的先前值。公式 6-13 中的偏导数是当前权重下误差函数的梯度。公式 6-14 展示了 Nesterov 动量更新，它代替了公式 6-12 中展示的标准反向传播权重更新：

$$\Delta w_{(t)} = \alpha n_{(t-1)} - (1+\alpha) n_{(t)} \tag{6-14}$$

上面的权重更新的计算，是部分权重更新的放大。公式 6-14 中显示增量权重已添加到当前权重中。具有 Nesterov 动量的 SGD 是深度学习最有效的训练算法之一。

6.6 本章小结

本章介绍了经典的反向传播和 SGD。这些方法都基于梯度下降。换言之，它们用导数优化了单个权重。对于给定的权重，导数向程序提供误差函数的斜率。斜率允许程序确定如何更新权重。每个训练算法对斜率或梯度的解释不同。

尽管反向传播是最古老的训练算法之一，但它仍然是最受欢迎的算法之一。反向传播就是将梯度添加到权重中，负梯度将增大权重，正梯度将减小权重。我们通过学习率来缩放权重，防止权重变化过快。0.5 的学习率意味着将权重增加一半的梯度，而 2.0 的学习率意味

着将权重增加2倍的梯度。

反向传播算法有多种变体，其中一些变体（如弹性传播）颇受欢迎。第7章将介绍一些反向传播的变体。尽管了解这些变体很有用，但是SGD仍然是最常见的深度学习训练算法之一。

第 7 章
其他传播训练

本章要点：

- 弹性传播；
- 莱文伯格 - 马夸特算法；
- 黑塞矩阵。

反向传播算法影响了许多训练算法，如第 6 章介绍的 SGD。对于大多数训练，SGD 算法和 Nesterov 动量是训练算法的不错选择。但是，还有其他选择。在本章中，我们研究两种受反向传播思想启发的流行算法。

要使用这两种算法，你无须了解它们实现的每个细节。本质上，这两种算法都可以实现与反向传播相同的目标。因此，你可以在大多数神经网络框架中用它们代替反向传播或 SGD。如果发现 SGD 不收敛，就可以转向弹性传播（Resilient backPROPagation，RPROP）或莱文伯格 - 马夸特算法（Levenberg-Marquardt Algorithm；LM 算法，LMA）以进行实验。但是，如果你对这两种算法的实际实现细节不感兴趣，则可以跳过本章。

7.1 弹性传播

RPROP 与反向传播很类似，反向传播和 RPROP 都必须首先计算

神经网络权重的梯度。但是，反向传播和 RPROP 使用梯度的方式有所不同。Reidmiller 和 Braun（1993）引入了 RPROP 算法。

RPROP 算法的一个重要特征是它没有必要的训练参数。使用反向传播时，必须指定学习率和动量。这两个参数会极大地影响你的训练效果。尽管 RPROP 确实包含一些训练参数，但你几乎总是可以让它们采用默认值。

RPROP 算法有多个变体。下面列出了一些变体：

- RPROP+；
- RPROP−；
- iRPROP+；
- iRPROP−。

我们将重点介绍经典 RPROP，正如 Reidmiller 和 Braun（1994）所描述的。相对于经典 RPROP，上面提到的其他 4 个变体的调整较小。在接下来几节中，我们将描述如何实现经典的 RPROP 算法。

7.2 RPROP 参数

如前所述，RPROP 与反向传播相比有一个优势：你无须提供任何训练参数即可使用 RPROP。但是，这并不意味着 RPROP 缺少配置设置，而意味着你通常不需要修改 RPROP 的默认设置。但是，如果你确实要更改它们，则可以在以下配置中进行选择设置：

- 初始更新值；
- 最大步长。

你在 7.4 节中会看到，RPROP 保留了权重的更新值数组，该值确

定每个权重要改变的量。这种变化与反向传播中的学习率的变化相似，但是它要好得多，因为随着训练的进行，该算法会调整神经网络中每个权重的更新值。尽管某些反向传播算法将随着学习的进展而改变学习率和动量，但大多数算法都对整个神经网络使用单一的学习率。因此，RPROP 算法相对反向传播算法更有优势。

根据初始更新值参数，我们以默认值 0.1 开始调整这些更新值。通常，我们不应更改这个默认值。但是，如果我们已经训练了该神经网络，就可以突破这条规则。在以前训练过的神经网络中，某些初始更新值会太大，神经网络会倒退许多次迭代才能获得改进。因此，训练过的神经网络可能会因较小的初始更新值而受益。

对于已经训练好的神经网络，另一种方法是在训练停止后保存更新值，并将其用于新的训练。使用这个方法，你可以恢复训练，而不会出现恢复弹性传播训练时通常会看到的初始误差峰值。这个方法仅当你在训练过的神经网络上继续进行弹性传播训练时才有效。如果你以前使用不同的训练算法来训练神经网络，就能够从一组更新值中恢复训练。

随着训练的进行，你会用梯度来上下调整这些更新值。最大步长参数定义了梯度可以取代更新值的最大向上步长。最大步长参数的默认值为 50。你不太可能需要更改这个参数的值。

除了这些参数外，RPROP 在处理期间还会保存一些常量。这些常量的值无法更改，如下：

- 最小增量（10^{-6}）；
- η^{+}（0.5）；
- η^{-}（1.2）；
- 零容忍（10^{-16}）。

最小增量指定了所有更新值可以达到的最小值。如果更新值为0，则它将永远无法增加到0以上。我们将在7.4节中描述η^{+}和η^{-}。

零容忍定义了一个数字在十分接近0时，就认为它等于0。在计算机编程中，将浮点数与0进行比较通常是不好的，因为该数字必须恰好等于0。作为替代，你通常会看到数字的绝对值是否低于一个非常小的足以被认为是0的数字。

7.3 数据结构

进行RPROP训练时，必须在内存中保留几个数据结构。这些结构都是浮点数的数组。它们汇总如下：

- 当前更新值；
- 上一次权重变化值；
- 当前权重变化值；
- 当前梯度；
- 先前的梯度。

保留当前更新值是为了训练。如果要在某个时间恢复训练，则必须存储这个更新值数组。每个权重都有一个不能低于最小增量常数的更新值。同样，这些更新值不能超过最大步长参数。

RPROP必须在两次迭代之间保留几个值。你还必须跟踪上一次权重增量值。反向传播使动量保持先前的权重增量。RPROP以不同的方式使用这个增量值，我们将在下文中进行研究。你还需要当前和先前的梯度。RPROP需要知道从当前梯度到先前的梯度，符号何时变化。这种变化表明你必须对更新值进行操作。我们将在下文中讨论这些操作。

7.4 理解 RPROP

在前面几节中，我们探讨了 RPROP 必需的参数、常量和数据结构。本节将向你展示 RPROP 的迭代。在前文中讨论反向传播时，我们提到了在线训练和批量训练权重更新方法。但是，RPROP 不支持在线训练，因此 RPROP 的所有权重更新将以批量训练执行。因此，RPROP 的每次迭代将收到一些梯度，它们是每个训练集的各个梯度的总和。这方面与批量训练的反向传播一致。

7.4.1 确定梯度的符号变化

至此，我们得到的梯度与反向传播算法计算出的梯度相同。我们使用相同的过程来获得 RPROP 和反向传播中的梯度，因此不赘述。作为第一步，我们将当前迭代的梯度与前一次迭代的梯度进行比较。如果没有先前迭代的梯度，那么可以假定先前的梯度为 0。

为了确定梯度符号是否已更改，我们将使用符号（sgn）函数。公式 7-1 定义了 sgn 函数：

$$\operatorname{sgn}(x)=\begin{cases}-1, x<0\\ 0, x=0\\ 1, x>0\end{cases} \tag{7-1}$$

sgn 函数返回提供的数字的符号。如果 x 小于 0，则结果为 −1；如果 x 大于 0，则结果为 1；如果 x 等于 0，则结果为 0。实现 sgn 函数时，我们通常使用零容忍，因为浮点运算几乎不可能在计算机上精确地得到 0。

为了确定梯度是否改变了符号，我们使用公式 7-2：

$$c=\frac{\partial E^{(t)}}{\partial w_{ij}}\cdot\frac{\partial E^{(t-1)}}{\partial w_{ij}} \tag{7-2}$$

公式 7-2 将得出常数 c。我们评估这个值为负值、正值或接近 0。c 为负值表示梯度的符号已更改；为正值表示梯度的符号没有变化；接近 0 表示梯度的符号变化很小，或几乎没有变化。

对于这 3 个结果，请考虑以下情况：

```
-1 * 1 = -1 （负，改变从负到正）
1 * 1 = 1 （正，符号没有改变）
1.0 * 0.000001 = 0.000001 （接近 0，几乎改变符号，但还没有）
```

我们已经计算出常数 c，它给出了梯度符号变化的指示，接下来就可以计算权重变化了。7.4.2 小节将对此计算进行讨论。

7.4.2 计算权重变化

既然已经发现了梯度的符号变化，我们就可以观察到 7.4.1 小节提到的 3 种情况的每一种情况。公式 7-3 总结了这 3 种情况：

$$\Delta w_{ij}^{(t)}=\begin{cases}-\Delta_{ij}^{(t)} & ,c>0\\ +\Delta_{ij}^{(t)} & ,c<0\\ 0 & ,\text{其他}\end{cases} \tag{7-3}$$

该公式计算每次迭代的实际权重变化。如果 c 的值为正，则权重变化将等于权重更新值的负值。类似地，如果 c 的值为负，则权重变化将等于权重更新值的正值。最后，如果 c 的值接近 0，则权重不会改变。

7.4.3 修改更新值

我们使用 7.4.2 小节中的权重更新值来更新神经网络的权重。神

经网络中的每个权重都有一个单独的权重更新值，它比反向传播的单个学习率要好得多。我们在每次训练迭代期间修改这些权重更新值，如公式 7-4 所示：

$$\Delta_{ij}^{(t)}=\begin{cases}\eta^{+}\cdot\Delta_{ij}^{(t-1)} & ,c>0\\ \eta^{-}\cdot\Delta_{ij}^{(t-1)} & ,c<0\\ \Delta_{ij}^{(t-1)} & ,\text{其他}\end{cases} \tag{7-4}$$

我们可以用类似权重变化的方式来修改权重更新值。和权重一样，我们让这些权重更新值基于先前计算的值 c。

如果 c 的值为正，则将权重更新值乘以 η^{+}。同样，如果 c 的值为负，则将权重更新值乘以 η^{-}。最后，如果 c 的值接近 0，则不会更改权重更新值。

7.5 莱文伯格–马夸特算法

LMA 是一种非常有效的神经网络训练算法。在许多情况下，LMA 的表现超过了 RPROP。因此，每个神经网络程序员都应该考虑这种训练算法。Levenberg（1940）引入了 LMA 的基础，而 Marquardt（1963）扩展了其方法。

LMA 是一种混合算法，它基于高斯–牛顿法（Gauss-Newton Algorithm，GNA，以下简称牛顿法）和梯度下降（反向传播）。因此，LMA 结合了牛顿法和反向传播的优势。尽管梯度下降可以保证收敛到局部最小值，但是它很慢。牛顿法速度很快，但通常无法收敛。通过使用阻尼系数在两者之间进行插值，我们创建了一种混合方法。为了理解这种混合方法的工作原理，我们先研究牛顿法。公式 7-5 展示了牛顿法：

$$W_{\min} = W_0 - H^{-1}g \tag{7-5}$$

在公式 7-5 中，你会注意到几个变量。该公式的结果是，你可以将增量应用于调整神经网络的权重。变量 $\boldsymbol{H}$ 代表黑塞矩阵（Hessian matrix），我们将在 7.6 节中讨论。变量 $\boldsymbol{g}$ 代表神经网络的梯度。你还会注意到变量 $\boldsymbol{H}$ 的 −1 “指数”，它代表我们要对变量 $\boldsymbol{H}$ 和 $\boldsymbol{g}$ 进行矩阵分解。

我们可以很容易地花整整一章来讨论矩阵分解。但是，考虑到本书的目的，我们只是将矩阵分解视为黑盒原子算子。因为我们不会解释如何计算矩阵分解，所以使用了从 JAMA 软件包中提取的通用代码。许多数学相关的计算机应用程序都使用了这些通用代码，这些通用代码是从 Fortran 程序改编而来的。要执行矩阵分解，可以使用 JAMA 或其他通用代码。

尽管存在几种类型的矩阵分解，但我们选择使用 LU 分解，这需要一个方阵。由于黑塞矩阵的列数与行数相同，因此采用黑塞矩阵进行分解效果很好。神经网络中的每个权重都有一行和一列。LU 分解针对黑塞矩阵，它是每个权重输出的二阶偏导数矩阵。LU 分解根据梯度来分解黑塞矩阵，梯度是每个权重的误差的平方。这些梯度与我们在第 6 章“反向传播训练”中计算的梯度相同。因为求的是误差的平方，所以在处理 LMA 时必须使用误差平方和。

“二阶导数”是一个重要的名词，它是一阶导数的导数。回顾第 6 章“反向传播训练”，函数的导数是任意点的斜率。该斜率表示曲线趋近局部最小值的方向。二阶导数也是一个斜率，它指向最小化一阶导数的方向。牛顿法和 LMA 的目标是将所有梯度减小为 0。

有趣的是，目标不包括误差。牛顿法和 LMA 可以忽略误差，因为它们试图将所有梯度减小到 0。实际上，它们并没有完全忽略误

差，因为它们使用误差来计算梯度。

牛顿法会将神经网络的权重收敛到局部最小值、局部最大值或鞍点。我们通过将所有梯度（一阶导数）最小化来实现这种收敛。在局部最小值、局部最大值或鞍点，导数将为 0。图 7-1 展示了这 3 个点的位置。

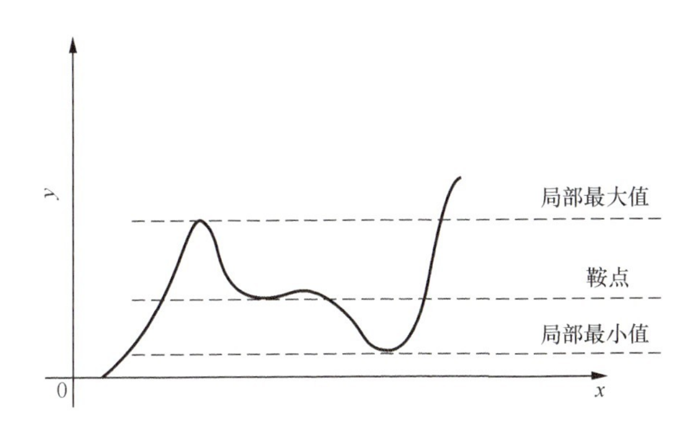

图 7-1　局部最小值、局部最大值和鞍点

算法实现必须确保排除局部最大值和鞍点。上面的算法通过对黑塞矩阵和梯度进行矩阵分解来实现。黑塞矩阵通常是估计的矩阵。估计黑塞矩阵的方法有几种。但是，如果估计不准确，可能会影响牛顿法。

LMA 将牛顿法增强为公式 7-6：

$$\boldsymbol{W}_{\min} = \boldsymbol{W}_0 - (\boldsymbol{H} + \lambda \boldsymbol{I})^{-1} \boldsymbol{g} \tag{7-6}$$

在公式 7-6 中，我们添加了一个项，即阻尼系数乘以一个单位矩阵。阻尼系数用 λ 表示，$\boldsymbol{I}$ 表示单位矩阵，该矩阵是除了主对角线上的元素均为 1 外，其他所有元素均为 0 的方阵。随着 λ 的增加，黑塞矩阵在公式 7-6 中的影响将减弱。随着 λ 的减小，黑塞矩阵比梯度下降更为重要，从而允许训练算法在梯度下降和牛顿法之间进行插值。

较高的 λ 有利于梯度下降，较低的 λ 值有利于牛顿法。LMA 的训练迭代从低 λ 开始并递增，直到产生理想的结果。

7.6 黑塞矩阵的计算

黑塞矩阵是一个方阵，其行数和列数等于神经网络中的权重数。该矩阵中的每个元素代表相对给定权重组合的神经网络输出的二阶导数。公式 7-7 展示了黑塞矩阵：

$$\boldsymbol{H}(e)=\begin{bmatrix} \frac{\partial^2 e}{\partial w_1^2} & \frac{\partial^2 e}{\partial w_1 \partial w_2} & \cdots & \frac{\partial^2 e}{\partial w_1 \partial w_n} \\ \frac{\partial^2 e}{\partial w_2 \partial w_1} & \frac{\partial^2 e}{\partial w_2^2} & \cdots & \frac{\partial^2 e}{\partial w_2 \partial w_n} \\ \vdots & \vdots & \ddots & \vdots \\ \frac{\partial^2 e}{\partial w_n \partial w_1} & \frac{\partial^2 e}{\partial w_n \partial w_2} & \cdots & \frac{\partial^2 e}{\partial w_n^2} \end{bmatrix} \tag{7-7}$$

重要的是要注意，黑塞矩阵是关于对角线对称的，可以用来提高计算性能。公式 7-8 通过计算梯度来计算黑塞矩阵：

$$\frac{\partial E}{\partial w_{(i)}}=2(y-t)\cdot\frac{\partial y}{\partial w_{(i)}} \tag{7-8}$$

公式 7-8 的二阶导数即为黑塞矩阵的元素。你可以用公式 7-9 进行计算：

$$\frac{\partial^2 E}{\partial w_i \partial w_j}=2\left(\frac{\partial y}{\partial w_i}\frac{\partial y}{\partial w_j}+(y-t)\cdot\frac{\partial^2 y}{\partial w_i \partial w_j}\right) \tag{7-9}$$

如果没有多项式的第二部分，你可以轻松计算出公式 7-9。然而，多项式的第二部分涉及二阶偏导数，并且难以计算。因为该部分并不

重要，所以实际上可以删除它，它的值不会显著影响结果。虽然二阶导数对单个训练案例可能很重要，但其总体贡献并不重要。公式 7-9 中多项式的第二部分要乘以该训练案例的误差。我们假设训练集中的误差是独立的，并且平均分布在 0 左右。在整个训练集中，它们应该基本上相互抵消。因为我们没有使用二阶导数的所有分量，所以我们只有黑塞矩阵的近似值，但这足以获得良好的训练结果。

公式 7-10 使用了这种近似，结果如下：

$$\frac{\partial^2 E}{\partial w_i \partial w_j} = 2\left(\frac{\partial y}{\partial w_i}\frac{\partial y}{\partial w_j}\right) \tag{7-10}$$

虽然公式 7-10 只是真正黑塞矩阵的近似值，但与准确性的损失相比，简化计算二阶导数的算法是值得的。实际上，λ 的增加将造成准确性的损失。

要计算黑塞矩阵和梯度，我们必须确定神经网络输出的一阶偏导数。有了这些一阶偏导数，利用公式 7-10 就可以轻松计算黑塞矩阵和梯度。

神经网络输出的一阶导数的计算与我们计算反向传播梯度的过程非常相似。主要区别在于后者的计算我们取输出的导数，在标准反向传播中，我们取误差函数的导数。这里，我们不会复述整个反向传播过程。第 6 章“反向传播训练”介绍了反向传播和梯度计算。

7.7 具有多个输出的 LMA

LMA 的某些实现仅支持单输出神经元，因为 LMA 的根源来自数学函数逼近。在数学中，函数通常仅返回单个值。因此，许多书籍和论文都没有包含对多输出 LMA 的讨论。但是，你可以使用具有多个

输出的 LMA。

支持多输出神经元，涉及在计算其他输出神经元时对黑塞矩阵的每个单元求和。该过程就像你为每个输出神经元计算了一个单独的黑塞矩阵，然后对黑塞矩阵求和。Encog① 使用了这种方法，从而使收敛时间缩短。

你需要认识到，多个输出不会使用到每个连接。你需要针对每个输出神经元的权重，独立计算一个更新值。根据你当前正在计算的输出神经元，会发现其他输出神经元有未使用的连接。因此，在计算其他输出神经元时，必须将这些未使用的连接中的每一个的偏导数设置为 0。

如考虑具有两个输出神经元和 3 个隐藏神经元的神经网络。这两个输出神经元中的每一个与隐藏层之间都有 4 个连接。前 3 个连接来自 3 个隐藏的神经元，第 4 个连接来自偏置神经元。神经网络的这一部分类似于图 7-2。

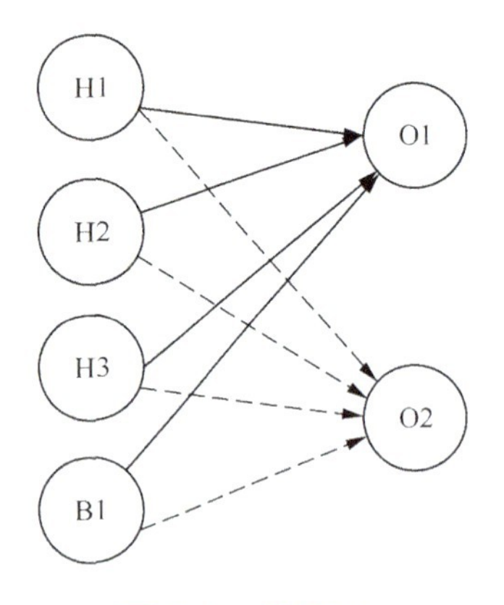

图7-2 计算O1

① Heaton，2015。

在这里，我们正在计算 O1。请注意，O2 具有 4 个连接，必须将它们的偏导数设置为 0。由于我们正在将 O1 作为当前神经元来计算，因此仅使用它的正常偏导数。你可以针对每个输出神经元重复这个过程。

7.8 LMA 过程概述

到目前为止，我们仅研究了 LMA 背后的数学原理。要产生效果，LMA 必须是算法的一部分。以下步骤总结了 LMA 过程：

1. 考虑每个权重，计算神经网络输出的一阶导数。
2. 计算黑塞矩阵。
3. 考虑每个权重，计算误差梯度（ESS）。
4. 将 λ 设置为一个低值（第一次迭代）或上一次迭代的 λ。
5. 保存神经网络的权重。
6. 根据 λ、梯度和黑塞矩阵计算权重增量。
7. 将权重增量应用于权重，并评估误差。
8. 如果误差有所改善，结束迭代。
9. 如果误差没有改善，增加 λ（直到最大 λ），恢复权重，然后返回到步骤 6。

如你所见，LMA 的过程反复循环，开始时将 λ 设置为较低的值，然后在误差率没有改善的情况下缓慢增加。必须在 λ 的每次更改中保存权重，以便在误差没有改善的情况下将其恢复。

7.9 本章小结

RPROP 解决了简单反向传播的两个局限性。首先，程序为每个权重分配一个单独的学习率，从而使权重以不同的速度学习。其次，RPROP 认识到，虽然梯度的符号可以很好地指示权重的移动方向，但梯度的大小并不指示可以移动多远。而且，尽管程序员必须为反向传播确定合适的学习率和动量，但 RPROP 会自动设置类似的参数。

遗传算法（Genetic Algorithm，GA）是训练神经网络的另一种方法。有一个神经网络家族，都在使用 GA 来训练神经网络的各个方面，从权重到整个网络结构。这个家族包括 NEAT、复合模式生成网络（Compositional Pattern-Producing Network，CPPN）和 HyperNEAT 神经网络等，我们将在第 8 章中进行讨论。NEAT、CPPN 和 HyperNEAT 使用的 GA 不仅仅是另一种训练算法，因为这些神经网络基于本书到目前为止所研究的前馈神经网络，引入了新的架构。

第8章 NEAT、CPPN和HyperNEAT

本章要点：

- NEAT；
- 遗传算法；
- CPPN；
- HyperNEAT。

本章讨论3种紧密相关的神经网络技术：NEAT、CPPN和HyperNEAT。Kenneth Stanley的EPLEX团队在中佛罗里达大学对这3种技术进行了广泛的研究。

NEAT是一种通过遗传算法进化神经网络结构的算法。CPPN是一种进化的神经网络，可以创建其他结构，如图像或其他神经网络。Hypercube-based NEAT或HyperNEAT（一种CPPN）也进化出其他神经网络。HyperNEAT训练了这些神经网络后，就可以在它们的尺寸上轻松处理更高的分辨率。

许多不同的框架都支持NEAT和HyperNEAT。对于Java和C#，我们建议使用自己的Encog实现。你可以在Kenneth Stanley的网站上找到NEAT实现的完整列表和HyperNEAT实现的完整列表。

在本章的其余部分，我们将探讨这 3 种神经网络。

8.1 NEAT 神经网络

NEAT 是由 Stanley 和 Miikkulainen（2002）开发的神经网络结构。NEAT 使用遗传算法来优化神经网络的结构和权重。NEAT 神经网络的输入和输出与典型的前馈神经网络相同。

NEAT 神经网络仅从偏置神经元、输入神经元和输出神经元开始。通常，没有一个神经元一开始就有连接。当然，完全不连接的神经网络是没有用的。对于是否确实需要某些输入神经元，NEAT 没有任何假设。不需要的输入被称为与输出统计无关（statistically independent）。NEAT 进化出的最佳基因组通常不会连接到统计无关的输入神经元，从而发现这种无关性。

NEAT 神经网络和普通前馈神经网络的另一个重要区别在于，除了输入层和输出层之外，NEAT 神经网络没有明确定义的隐藏层。NEAT 的隐藏神经元不会将自己组织成清晰描绘的层。NEAT 和前馈神经网络的相似之处在于，它们都使用 S 型激活函数。图 **8-1** 展示了一个进化的 NEAT 神经网络。

图 8-1 中的“输入 2”从未形成任何连接，因为进化过程确定“输入 2”是不必要的。“隐藏 3”和“隐藏 2”之间存在一个环式连接（recurrent connection）。“隐藏 4”与其自身具有环式连接。总之，你会注意到，NEAT 神经网络没有清晰的层次划分。

你可以按照与常规加权前馈神经网络完全相同的方式来计算 NEAT 神经网络。你可以通过多次运行 NEAT 神经网络来管理环式连接。做法是让环式连接输入从 0 开始，并在每次循环遍历 NEAT 神经

网络时进行更新。此外，你必须定义一个超参数，指定 NEAT 神经网络的计算次数。图 8-2 展示了环式连接的计算，其中 NEAT 神经网络被指示循环 3 次以计算环式连接。

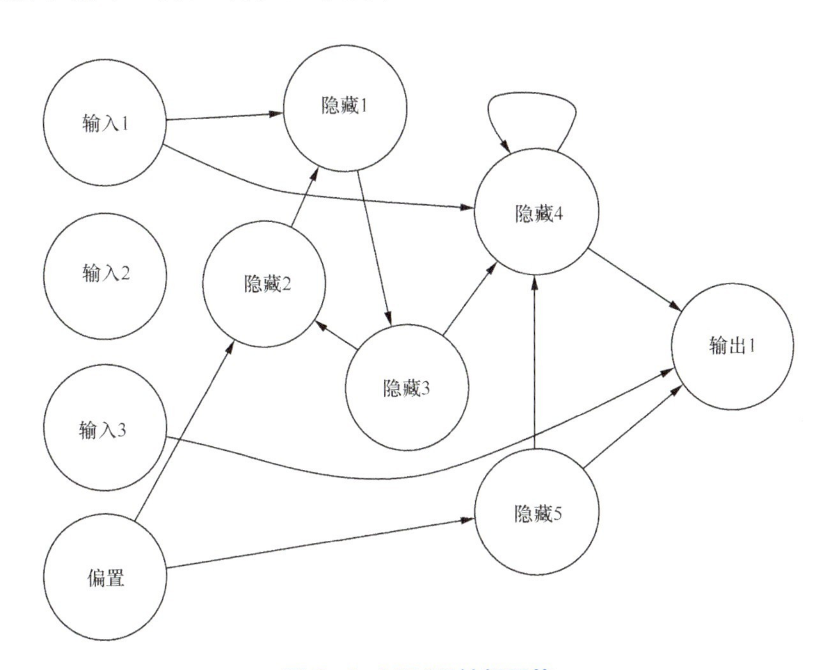

图8-1　NEAT神经网络

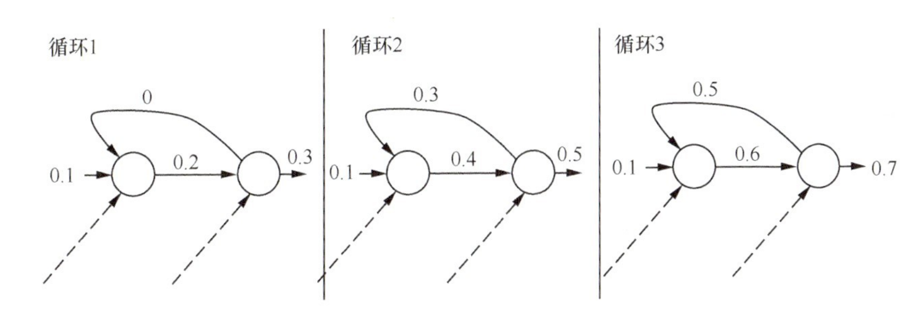

图8-2　循环计算环式连接

图 8-2 展示了每个神经元在每个连接上的输出，3 次循环，虚线表示其他连接。简单起见，该图没有权重。图 8-2 表明，环式连接的

输出滞后一个循环。

对于循环 1，环式连接为第一个神经元提供了 0，因为从左到右计算神经元。对于该环式连接，在循环 1 中没有任何值。对于循环 2，环式连接现在具有输出 0.3，这是循环 1 提供的。循环 3 遵循相同的模式，将循环 2 的输出 0.5 作为环式连接的输出。由于计算中还会有其他神经元，因此我们设计了显示在底部的虚线箭头来表示这些神经元的输出值。但是，该图确实展示了这些环式连接经过了先前的循环。

NEAT 神经网络广泛使用了遗传算法，我们在本系列图书第 2 卷《受大自然启发的算法》中对遗传算法进行了研究。尽管你无须完全理解遗传算法也能理解本章中对它们的讨论，但可以根据需要参考第2卷。

NEAT 使用典型的遗传算法，如下。

- 突变：程序选择一个合适的个体来创建一个新个体，该个体与其亲代相比发生了随机变化。
- 交叉：程序选择两个合适的个体来创建一个新个体，该个体具有来自双亲的元素的随机抽样。

所有的遗传算法都将突变和交叉遗传算子与个体解的种群结合在一起。突变和交叉更可能选择从目标函数获得更高分数的解决方案。在接下来的 8.1.1 和 8.1.2 小节中，我们将探讨 NEAT 神经网络的突变和交叉。

8.1.1 NEAT 突变

NEAT 突变包含可以对亲本基因组进行的几种突变操作。我们在这里讨论这些操作。

- 添加神经元：通过选择一个随机连接，我们可以添加神经元。

一个新的神经元和两个连接替换这个随机连接。新的神经元实际上分割了该连接。程序为两个新连接中的每个连接选择权重，提供与被替换的连接几乎相同的有效输出。

- 添加连接：程序选择一个源和一个目标，即两个随机神经元，新的连接将添加在这两个神经元之间。偏置神经元永远不可能成为目标，输出神经元不能作为源。在相同的两个神经元之间，相同方向上的连接永远不会多于一个。
- 删除连接：可以随机选择要删除的连接。如果与之交互的连接都不存在，则可以删除该隐藏神经元，它不是输入、输出或单个偏置神经元。
- 扰动权重：你可以选择一个随机连接，然后，将其权重乘以正态随机分布的值，即 γ，γ 值通常为 1 或更低。较小的随机数通常会导致收敛更快。γ 值为 1 或更低将指定单个标准差，取样一个 1 或更低的随机数。

你可以增加突变的可能性，使权重扰动更加频繁地发生，从而使适合的基因组改变其权重，并通过其子代进一步调整。结构突变的发生频率要低得多。在大多数 NEAT 实现中，你可以调整每个操作的确切频率。

8.1.2 NEAT 交叉

NEAT 交叉比许多遗传算法要复杂得多，因为 NEAT 基因组是构成单个基因组的神经元和连接的编码。大多数遗传算法都假设种群中所有基因组的基因数量是不变的。实际上，由突变和交叉产生的 NEAT 中的子基因组，可能与其亲代的基因数量不同。在实现 NEAT 交叉操作时，管理这种数量差异需要一些技巧。

NEAT 保留了通过突变对基因组所做的所有更改的数据库。这些更改称为创新，它们的存在是为了实现突变。每次添加创新时，都会获得一个 ID。这些 ID 也将用于对创新排序。我们将看到，在两个创新之间进行选择时，选择 ID 较低的创新非常重要。

重要的是要意识到创新与突变之间的关系不是一对一的。要实现一个突变，可能需要多个创新。仅有的两种创新类型是创建神经元和创建两个神经元之间的连接。一个突变可能来自多个创新，一个突变也可能没有任何创新。只有增加神经网络结构的突变才会产生创新。下面总结了前面提到的突变类型可能产生的创新。

- 添加神经元：一个新的神经元创新和两个新的连接创新。
- 添加连接：一个新的连接创新。
- 删除连接：无创新。
- 扰动权重：无创新。

你还需要注意，如果已经尝试过这种创新，那么 NEAT 不会重新创建创新记录。此外，创新不包含任何权重信息，创新只包含结构信息。

通过考虑创新，可以实现两个基因组的交叉，这种特性可以确保 NEAT 也保存了所有必要的创新。朴素交叉（就像许多遗传算法所使用的）可能会将连接与不存在的神经元结合起来。清单 8-1 用伪代码展示了完整的 NEAT 交叉函数。

清单8-1　NEAT交叉

```
def neat_crossover(rnd,mom,dad):
# Choose best genome (by objective function), if tie, 
choose random
   best = favor_parent(rnd, mom, dad)
   not_best = dad if (best <> mom) else mom
   selected_links = []
   selected_neurons = []
```

```
# current gene index from mom and dad
  cur_mom = 0
  cur_dad = 0
  selected_gene = None
# add in the input and bias, they should always be here
always_count = mom.input_count + mom.output_count + 1
for i from 0 to always_count-1:
  selected_neurons.add(i, best, not_best)
# Loop over all genes in both mother and father
  while (cur_mom < mom.num_genes) or (cur_dad < dad.num_genes):
# The mom and dad gene object
    mom_gene = None
    mom_innovation = -1
    dad_gene = None
    dad_innovation = -1
# grab the actual objects from mom and dad for the specified
# indexes
# if there are none, then None
    if cur_mom < mom.num_genes:
      mom_gene = mom.links[cur_mom];
      mom_innovation = mom_gene.innovation_id
    if cur_dad < dad.num_genes:
      dad_gene = dad.links[cur_dad]
      dad_innovation_id = dad_gene.innovation_id
# now select a gene fror mom or dad. This gene is for the baby
# Dad gene only, mom has run out
    if mom_gene == None and dad_gene <> None:
      cur_dad = cur_dad + 1
      selected_gene = dad_gene
# Mom gene only, dad has run out
    else if dadGene == null and momGene <> null:
      cur_mom = cur_mom + 1
      selected_gene = mom_gene
# Mom has lower innovation number
    else if mom_innovation_id < dad_innovation_id:
      cur_mom = cur_mom + 1
      if best == mom:
        selected_gene = mom_gene
# Dad has lower innovation number
    else if dad_innovation_id < mom_innovation_id:
      cur_dad = cur_dad + 1
```

```
        if best == dad:
          selected_gene = dad_gene
# Mom and dad have the same innovation number
# Flip a coin
      else if dad_innovation_id == mom_innovation_id:
        cur_dad = cur_dad + 1
        cur_mom = cur_mom + 1
        if rnd.next_double()>0.5:
          selected_gene = dad_gene
        else:
          selected_gene = mom_gene
# If a gene was chosen for the child then process it
# If not, the loop continues
      if selected_gene <> None:
# Do not add the same innovation twice in a row
        if selected_links.count == 0:
          selected_links.add(selected_gene)
        else:
          if selected_links[selected_links.count-1]
              .innovation_id <> selected_gene.innovation_id {
            selected_links.add(selected_gene)
# Check if we already have the nodes referred to in
# SelectedGene
# If not, they need to be added
        selected_neurons.add(
          selected_gene.from_neuron_id, best, not_best)
        selected_neurons.add(
          selected_gene.to_neuron_id, best, not_best)
# Done looping over parent's genes
  baby = new NEATGenome(selected_links, selected_neurons)
  return baby
```

上面的交叉实现基于Encog实现的NEAT交叉算子。我们提供以上注释，以解释代码的关键部分。主要的进化发生在父本和母本包含的连接上。创建子基因组时会带走支持这些连接所需的所有神经元。这段代码包含一个主循环，它在两个亲本之间循环，从而在每个亲本中选择最合适的连接基因。亲本双方的连接基因大都被缝合在一起，因此它们可以找到最合适的基因。由于亲本的长度可能不同，因此在

这一过程完成之前，一个亲本可能会穷尽其基因。

每次通过循环时，都会根据以下标准从父本或母本中选择一个基因。

- 如果母本或父本的基因已经用完了，则选择没有用完的另一个。越过所选的基因。
- 母本的 innovation_id 较低时，如果母本的得分最高，则选择母本基因。无论哪种情况，越过母本的基因。
- 父本的 innovation_id 较低时，如果父本的得分最高，则选择父本基因。无论哪种情况，越过父本的基因。
- 如果父本母本的 innovation_id 相同，则随机选择一个，然后越过该基因。

你可以认为亲本的基因都在很长的磁带上，每个磁带的标记都保持当前位置。根据上述规则，标记将越过亲本的基因。在某个时候，如果某个亲本的标记移到了磁带的末端，就意味着该亲本的基因用完了。

8.1.3 NEAT 物种形成

让计算机正确执行交叉是一个棘手的问题。在动植物界，交叉仅发生在同一物种的成员之间。我们所说的物种到底是什么意思？在生物学中，科学家将物种定义为可以产生有繁殖能力的后代的种群成员。因此，马与蜂鸟基因组之间的交叉将灾难性地失败。然而，朴素的遗传算法肯定会用人工计算机基因组，来尝试一些同样灾难性的事情！

NEAT 物种形成算法具有多种变体。实际上，最先进的变体之一

可以用 K 均值聚类方法，将种群分为预定义数量的聚类。随后，你可以确定每种物种的相对适应度。程序为每个物种提供了下一代种群数量的百分比。然后，每个物种的成员将参加虚拟联赛（tournament），以确定物种中的哪些成员将参与下一代的交叉和突变。

联赛是从物种中选择亲本的有效途径。程序执行一定数量的选拔赛。通常，我们设置 5 次选拔赛。对于每次选拔赛，程序将从物种中随机选择两个基因组。适应性更好的基因组进入下一次选拔赛。该过程对多线程非常有效，并且在生物学上也似乎是合理的。这种选择方法的优势在于，获胜者不必击败物种中最好的基因组，它只须击败选拔赛中的对手。你必须为每个需要的亲本举办联赛。突变需要一个亲本，交叉需要两个亲本。

除选拔赛外，其他几个因素也决定了用于突变和交叉的物种成员。该算法总是将一个或多个精英基因组带入下一个物种。精英基因组的数量是可配置的。程序为较年轻的基因组提供了奖励，让它们有机会尝试新的创新。不同物种之间发生交叉的可能性很小。

所有这些因素使得 NEAT 成为非常有效的神经网络。NEAT 无须定义神经网络的隐藏层的结构。缺少严格的隐藏层结构使 NEAT 神经网络能够进化出实际需要的连接。

8.2 CPPN

CPPN 由 Stanley（2007）发明，是人工神经网络的一种变体。CPPN 认识到一个生物学上合理的事实——基因型和表型并不相同。换言之，基因型是生物体的 DNA 蓝图，表型是该蓝图实际产生的结果。

实际上，基因组是产生表型的指令，表型比基因型复杂得多。如

8.1 节所述，在原始的 NEAT 中，基因组描述了连接的连接和神经元的神经元如何产生表型。但是，CPPN 不同，因为它创建了一个特殊的 NEAT 基因种群，这些基因在两个方面很特殊。首先，CPPN 不受常规 NEAT 的限制，NEAT 始终使用 S 型激活函数，CPPN 可以使用以下任何激活函数：

- 剪裁线性（clipped linear）函数；
- 双极变陡 S 型（bipolar steepened sigmoid）函数；
- 高斯函数；
- 正弦函数；
- 你可能定义的其他函数。

你可以在图 8-3 中看到这些激活函数。

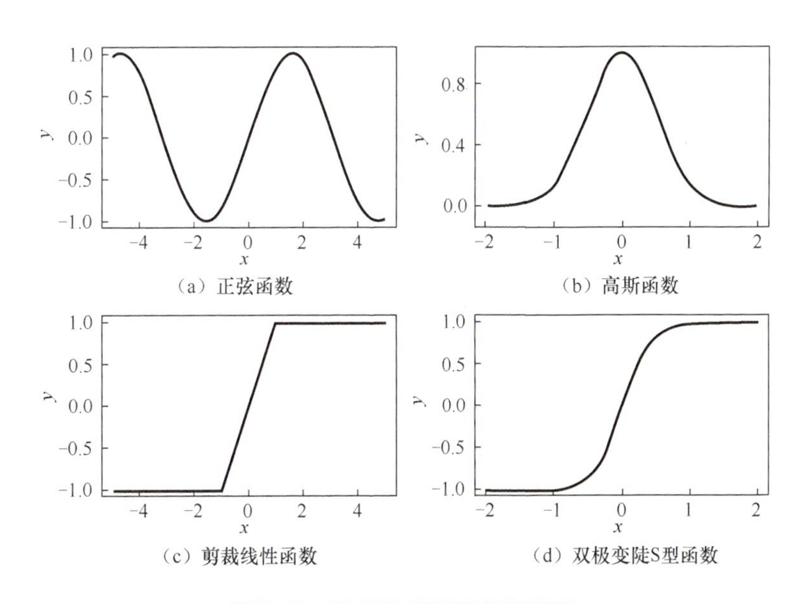

图8-3 CPPN 使用的激活函数

其次是这些基因组产生的 NEAT 神经网络不是最终产物，它们不是表型。但是，这些 NEAT 基因组确实知道如何创建最终产物。

最终的表型是具有 S 型激活函数的常规 NEAT 神经网络。我们只能将以上 4 个激活函数用于基因组。最终表型总是具有 S 型激活函数。

CPPN 表型

CPPN 通常与图像结合使用，因为 CPPN 表型通常是图像。尽管图像是CPPN的常规产物，但唯一的要求是CPPN可以构成某种东西，从而获得复合模式生成网络的名称。在某些情况下，CPPN 不产生图像。最受欢迎的非图像生成 CPPN 是 HyperNEAT，将在 8.3 节中对其进行讨论。

创建一个基因组神经网络来产生表型神经网络，这是一项复杂的工作，但值得努力。因为我们要处理大量的输入和输出神经元，所以训练时间可能很长，但是，CPPN 具有可伸缩性，可以减少训练时间。

一旦进化了 CPPN 来创建图像，图像的大小（表型）就无关紧要了。它可以是 320 像素 ×200 像素、640 像素 ×480 像素，或其他分辨率。CPPN 生成的图像表型将缩放到所需的大小。正如我们将在 8.3 节中看到的那样，CPPN 为 HyperNEAT 提供了相同的伸缩性。

现在，我们来看看 CPPN（它本身就是 NEAT 神经网络）如何生成图像或最终表型。NEAT CPPN 应该具有 3 个输入值：横轴（x）的坐标、纵轴（y）的坐标，以及当前坐标与中心的距离（d）。输入 d 提供了针对对称性的偏置。在生物基因组中，对称性很重要。CPPN 的输出对应 x 坐标和 y 坐标处的像素颜色。CPPN 规范仅确定了如何处理具有单个输出的灰度图像（表示强度）。对于全彩色图像，可以用针对红色、绿色和蓝色的输出神经元进行处理。图 8-4 展示了用于生成图像的 CPPN。

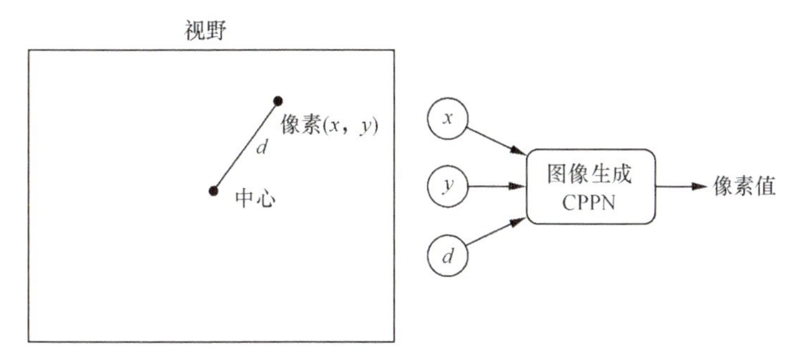

图8-4 CPPN用于图像生成

你可以查询上面的 CPPN，以获取所需的每个 *x* 坐标和 *y* 坐标。清单 8-2 展示了可生成表型的伪代码。

清单8-2 生成CPPN图像

```
def render_cppn(net,bitmap):
  for y from 1 to bitmap.height:
    for x from 1 to bitmap.width:
# Normalize x and y to -1,1
      norm_x = (2*(x/bitmap.width))-1
      norm_y = (2*(y/bitmap.height))-1
# Distance from center
      d = sqrt( (norm_x/2)^2
    + (norm_y /2)^2 )
# Call CPPN
      input = [x,y,d]
  color = net.compute(input)
# Output pixel
  bitmap.plot(x-1,y-1, color)
```

上面的代码只是循环遍历每个像素，并在 CPPN 中查询该位置的颜色。将 *x* 坐标和 *y* 坐标标准化为 −1 ~ +1。你可以在 Picbreeder 网站上查看这个过程的执行情况。

根据 CPPN 的复杂程度，这个过程可以生成类似于图 8-5 所示的图像。

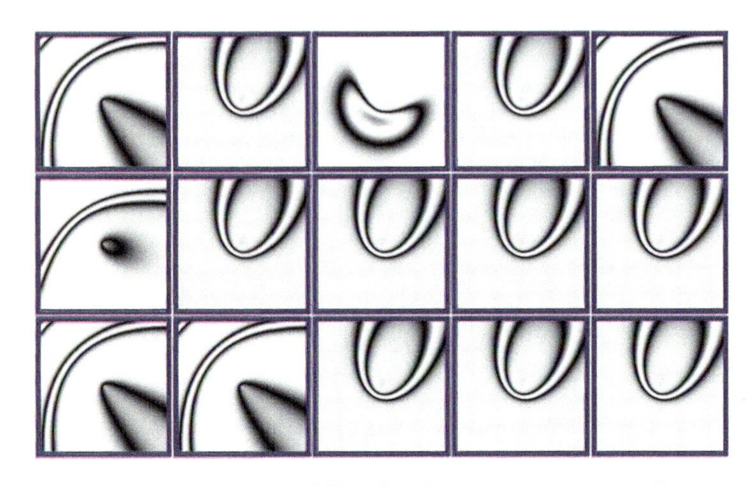

图8-5　CPPN生成的图像1（图源：Picbreeder）

Picbreeder 允许你选择一个或多个亲本为下一代做出贡献。我们选择了类似嘴部的图像和它右侧的图像。图 8-6 展示了 Picbreeder 产生的后代。

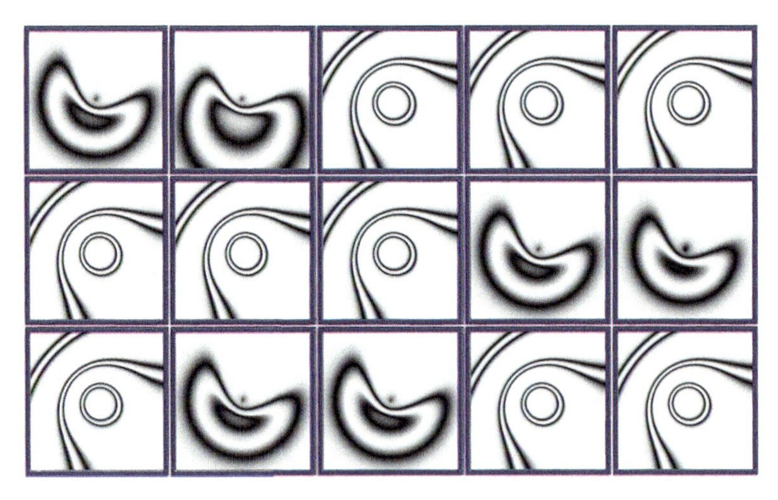

图8-6　CPPN生成的图像2（图源：Picbreeder）

CPPN 就像人体一样处理对称性。人体有两只手、两个肾脏、两只脚和其他身体部位对，人类基因组似乎具有重复特征的层次结构。不存在创建眼睛或各种组织的指令。从根本上讲，人类基因组不必描述成年人的每个细节。作为替代，人类基因组仅需概括许多步骤，从而描述如何构建成年人。这极大地减少了基因组中所需的信息量。

图像 CPPN 的另一个重要特征在于，你可以用任意分辨率创建图 8-6 所示的图像，而无须重新训练。由于 x 坐标和 y 坐标被标准化为 −1 ～ +1 的值，因此可以使用任意分辨率。

8.3 HyperNEAT 神经网络

Stanley、D’Ambrosio 和 Gauci（2009）发明的 HyperNEAT 神经网络是基于 CPPN 的，但是，HyperNEAT 神经网络不用于生成图像，而用于创建另一个神经网络。与 8.2 节中的 CPPN 一样，HyperNEAT 可以轻松创建分辨率更高的神经网络，而无须重新训练。

8.3.1 HyperNEAT 基板

HyperNEAT 神经网络的一个有趣的超参数是定义 HyperNEAT 神经网络结构的基板。基板为输入和输出神经元定义 x 坐标和 y 坐标。标准的 HyperNEAT 神经网络通常采用两个平面来实现基板。图 8-7 展示了 HyperNEAT 三明治基板，这是最常见的基板之一。

利用上述基板，HyperNEAT CPPN 能够创建表型神经网络。源平面包含输入神经元，目标平面包含输出神经元。每个神经元的 x 和 y 坐标在 −1 ～ +1 的范围内。每个源神经元和每个目标神经元之间可能都有权重。图 8-8 展示了如何查询 CPPN 以确定这些权重。

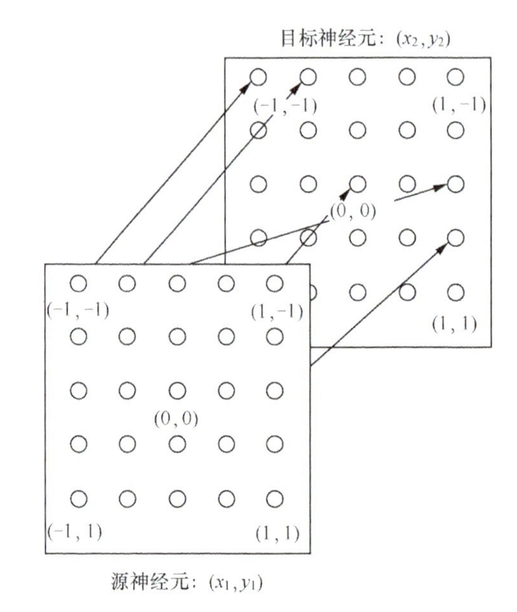

图8-7 HyperNEAT三明治基板

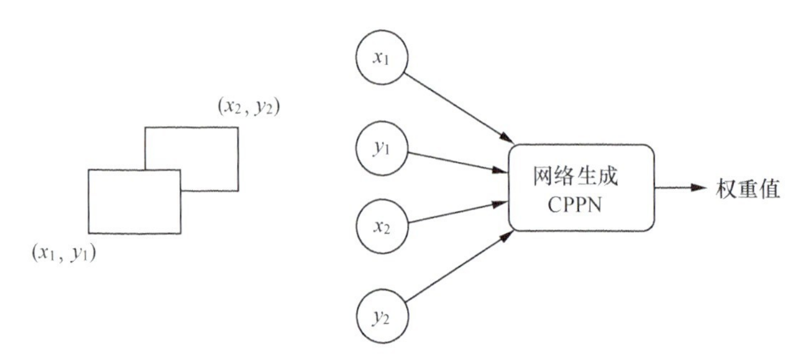

图8-8 CPPN用于HyperNEAT

CPPN 的输入包含 4 个值：x_1、y_1、x_2 和 y_2。前两个值 x_1 和 y_1 指定源平面上的输入神经元。后两个值 x_2 和 y_2 指定目标平面上的输出神经元。HyperNEAT 允许根据需要存在许多不同的输入和输出神经元，而无须重新训练。与 CPPN 图像可以在 −1 ~ +1 映射越来越多的像素一样，HyperNEAT 也可以打包更多的输入和输出神经元。

 8.3.2 HyperNEAT计算机视觉

Stanley 等人（2009）在最初的 HyperNEAT 论文中提供的矩形实验表明，计算机视觉是 HyperNEAT 的一项出色应用。该实验在计算机的视野中放置了两个矩形。在这两个矩形中，一个总是比另一个大。训练神经网络将红色矩形放置在较大矩形的中心附近。图 8-9 展示了在 Encog 框架下运行的该实验。

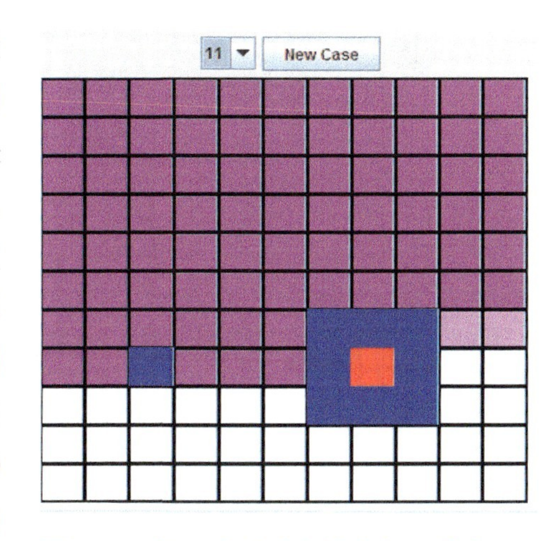

图8-9 矩形实验（分辨率为11像素×11像素）

从图 8-9 可以看到，红色矩形直接放置在两个矩形中较大的一个内部。可以按下“New Case”按钮来移动矩形，程序会准确找到较大的矩形。这在分辨率为 11 像素 ×11 像素时效果很好，但是分辨率可以增加到 33 像素 ×33 像素。分辨率较大时，无须重新训练，如图 8-10 所示。

当分辨率增加到 33 像素 ×33 像素时，神经网络仍然能够将红色矩形放置在较大矩形的内部。

8.3.1 小节使用的是三明治基板，其输入和输出平面均等于视野的大小，在这个例子中分辨率是 33 像素 ×33 像素。输入平面提供了视野，输出平面中输出最高的神经元，即程序对较大矩形中心的猜测。较大矩形的位置不会让神经网络产生困惑，这一事实表明，HyperNEAT 与第 10 章中将看到的卷积神经网络具有相同的特征。

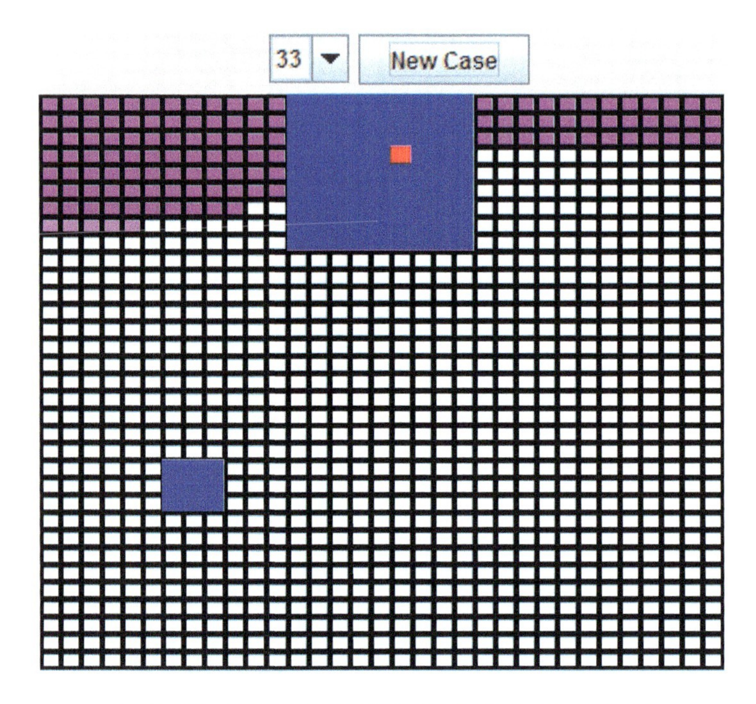

图8-10　矩形实验（分辨率为33像素×33像素）

8.4 本章小结

本章介绍了NEAT、CPPN和HyperNEAT。中佛罗里达大学的Kenneth Stanley的EPLEX团队对这3种技术进行了广泛的研究。NEAT是一种使用遗传算法自动进化神经网络结构的算法。通常，神经网络结构可能是神经网络设计最复杂的方面之一。NEAT神经网络可以进化自己的结构，甚至可以决定哪些输入特征很重要。

CPPN是一种神经网络，经过进化可创建其他结构，如图像或其他神经网络。图像生成是CPPN的常见任务。Picbreeder网站允许根据该站点先前生成的图像，来生成新图像。CPPN不仅可以生成图像。

HyperNEAT 作为 CPPN 的一种应用，还可以生成神经网络。

基于 Hypercube 的 NEAT（即 HyperNEAT）是一种 CPPN，它可以进化出其他神经网络，一旦训练成功，它们就可以轻松处理更高分辨率的图像。HyperNEAT 允许一个 CPPN 进化，以生成一些神经网络。生成神经网络，让你能够引入对称性，并且让你能够更改图像的分辨率，而无须重新训练。

自神经网络引入以来，已经经历了好几次兴衰。当前，人们的兴趣在于进行深度学习的神经网络。实际上，深度学习涉及几个不同的概念。第 9 章介绍深度信念神经网络，我们将在本书的其余部分扩展该主题。

第9章
深度学习

本章要点：

- 卷积神经网络和 Dropout；
- 深度学习工具；
- 对比散度；
- 吉布斯采样。

深度学习是神经网络编程中相对较新的进展，它代表了一种训练深度神经网络的方法。本质上，任何具有两层以上的神经网络都是深度神经网络。自从 Pitts（1943）引入多层感知机（multilayer perceptron）以来，我们就已经具备创建深度神经网络的能力。但是，直到 Hinton（1984）成为第一个成功训练这些复杂神经网络的研究者之后，我们才能够有效地训练神经网络。

9.1 深度学习的组成部分

深度学习由许多不同的技术组成，本章概述了这些技术。后文将包含有关这些技术的更多信息。深度学习通常包括以下特征：

- 部分标记的数据；
- 修正线性单元；

- 卷积神经网络；
- 神经元 Dropout。

以下各节概述了这些技术。

9.2 部分标记的数据

大多数学习算法是有监督的或无监督的。有监督的训练数据集为每个数据项提供了预期的结果；无监督的训练数据集不提供预期的结果。预期的结果称为标记。学习的问题在于大多数数据集是带标记的和未带标记的数据项的混合。

要理解标记和未标记数据之间的区别，请考虑以下真实世界的例子。当你还是小孩子的时候，在成长过程中可能会看到许多车辆。在生命的早期，你不知道自己在看轿车、卡车，还是货车，只知道看到的是某种车辆。你可以将这种接触看成车辆学习过程中无监督的部分。那时，你学习了这些车辆之间的共同特征。

在学习过程的后期，你将获得标记。当你遇到不同的车辆时，一位成年人告诉你，你看的是汽车、卡车或货车。无监督的训练为你奠定了基础，而你会以这些知识为基础获得标记。如你所见，有监督和无监督的学习在现实生活中非常普遍。深度学习用它自己的方式，结合无监督和有监督的学习数据，很好地完成了工作。

一些深度学习架构使用不带结果的整个训练集，来处理部分标记的数据，并初始化权重。你可以在没有标记的情况下，独立训练各个层。因为你可以并行训练这些层，所以这个过程是可伸缩的。一旦无监督阶段初始化了这些权重，监督阶段就可以对其进行调整。

9.3 修正线性单元

修正线性单元（ReLU）已成为深度神经网络隐藏层的标准激活函数，而受限玻尔兹曼机是深度置信神经网络的标准。除了用于隐藏层的 ReLU 激活函数外，深度神经网络还将对输出层使用线性或 Softmax 激活函数，具体取决于神经网络是支持回归，还是分类。我们在第 1 章“神经网络基础”中介绍了 ReLU，并在第 6 章“反向传播训练”中扩展了相关信息。

9.4 卷积神经网络

卷积是一项经常与深度学习结合的重要技术。Hinton（2014）引入了卷积，以使图像识别神经网络的工作方式类似于生物系统，并获得了更准确的结果。卷积的一种方法是稀疏连接，即不会产生所有可能的权重连接。图 9-1 展示了稀疏连接。

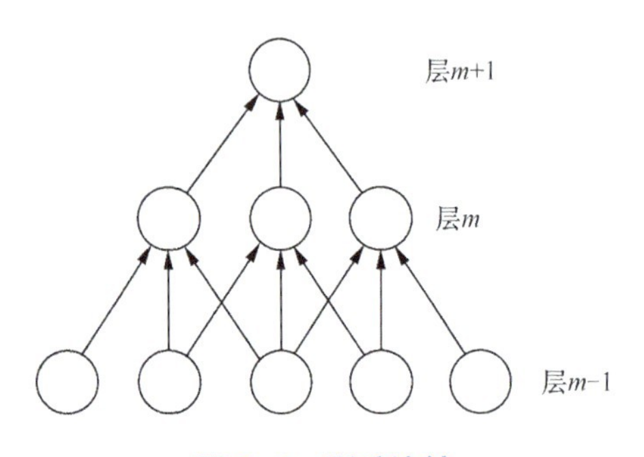

图9-1　稀疏连接

常规前馈神经网络通常会在两层之间创建所有可能的权重连接。在深度学习术语中，我们将这些层称为“稠密层”（dense layer）。卷积神经网络不表示所有可能的权重，但其会共享权重，如图 9-2 所示。

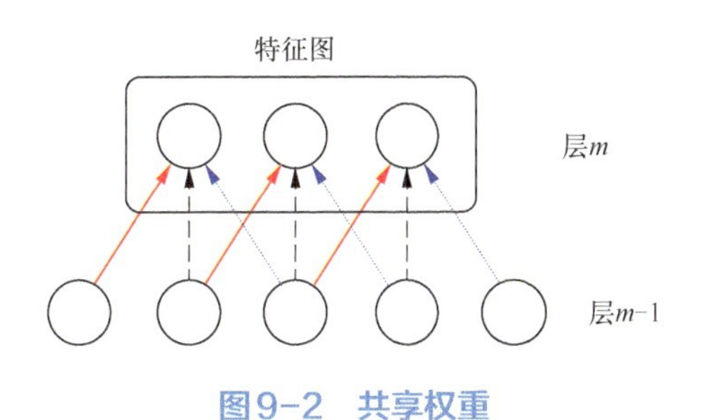

图9-2　共享权重

如图 9-2 所示，神经元只是共享 3 个独立的权重。红线（实线）、黑线（虚线）和蓝线（虚线）表示各个权重。权重共享使程序可以存储复杂的结构，同时保持内存使用和计算的效率。

本节概述了卷积神经网络。第 10 章“卷积神经网络”将用一整章讨论这种神经网络。

9.5 神经元 Dropout

Dropout 是一种正则化算法，对深度学习有很多好处。和大多数正则化算法一样，Dropout 可以防止过拟合。你也可以和卷积一样，以逐层的方式将 Dropout 应用于神经网络。你必须将一个层指定为 Dropout 层。实际上，在神经网络中，你可以将这些 Dropout 层与常规层和卷积层混合使用。切勿将 Dropout 层和卷积层混合在单个层中。

Hinton（2012）引入了 Dropout，将其作为一种简单有效的正则化算法，以减少过拟合。Dropout 通过移除 Dropout 层中的特定神经元来发挥作用。丢弃这些神经元的行为可防止其他神经元过度依赖于被丢弃的神经元。程序将删除这些选定的神经元及其所有连接。图 9-3 说明了这个过程。

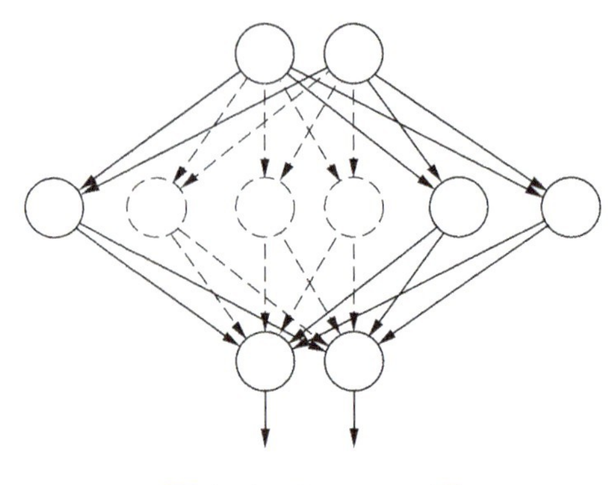

图9-3 Dropout层

图 9-3 所示的神经网络从上至下包含一个输入层、一个 Dropout 层和一个输出层。Dropout 层已删除了几个神经元。虚线圆圈表示 Dropout 算法删除的神经元，虚线连接线表示 Dropout 算法删除神经元时删除的权重。

Dropout 和其他形式的正则化都是神经网络领域广泛讨论的主题。第 12 章“Dropout 和正则化”将介绍正则化，尤其侧重于介绍 Dropout。该章还包含有关 L1 和 L2 正则化算法的解释。L1 和 L2 不鼓励神经网络使用过多的权重，也不鼓励神经网络包含某些不相关的输入。本质上，单个神经网络通常使用 Dropout 以及其他正则化算法。

9.6 GPU 训练

Hinton（1987）提出了一种非常新颖的算法，来有效地训练深度信念神经网络。在后文，我们将研究该算法和深度信念神经网络。如前所述，深度神经网络几乎与神经网络存在的时间一样长。但是，在 Hinton 的算法被提出之前，没有有效的算法来训练深度神经网络。反向传播算法非常慢，梯度消失问题阻碍了训练。

GPU，即计算机中负责图形显示的部分，是研究人员解决前馈神经网络训练问题的一种方法。由于现代视频、游戏使用了3D图形，因此我们大多数人都熟悉GPU。渲染这些图形、图像在数学上运算量大，而且为了执行这些操作，早期的计算机依靠CPU。但是，这种方法效率不高。现代视频、游戏中的图形系统处理需要专用电路，这种电路集成到了GPU或视频卡上。本质上，现代GPU是在计算机中运行的计算机。

研究人员发现，根据GPU的处理能力可以将其用于密集的数学任务，如神经网络训练。除了计算机图形学之外，我们将用于一般计算任务的GPU称为通用GPU（General-Purpose use of GPU，GPGPU）。当应用于深度学习时，GPU的表现异常出色。将它与ReLU激活函数、正则化和常规反向传播算法相结合，可以产生惊人的结果。

但是，GPGPU可能难以使用，因为为GPU编写的程序必须使用名为C99的编程语言。该语言与常规C语言非常相似，但在许多方面，GPU所需的C99比常规C语言困难得多。此外，GPU仅擅长特定的任务，即使是对GPU有利的任务，也因为优化C99代码而变得具有挑战性。GPU必须平衡几类内存、寄存器，以及数百个处理器内核的同步。此外，GPU处理有两种相互竞争的标准：CUDA和OpenCL。两种标准为程序员学习制造了更多的困难。

幸运的是，你无须学习GPU编程，也可以利用它的处理能力。除非你愿意花费大量的精力，来学习一个复杂且不断发展的领域的细枝末节，否则我们不建议你学习GPU编程，因为它与CPU编程完全不同。产生有效的、基于CPU程序的好技术，通常会产生极其低效的GPU程序，反之亦然。如果你想使用GPU，就应该使用支持它的、已有的软件包。如果你的需求不适合深度学习软件包，则可以考虑使用线性代数软件包，如CUBLAS，其中包含许多高度优化的算法，以及针对机器学习通常需要的线性代数。

高度优化的深度学习框架和快速 GPU 的处理能力可能是惊人的。GPU 可以凭借强大的处理能力获得出色的结果。2010 年，瑞士 AI 实验室 IDSIA 证明，尽管有梯度消失问题，但 GPU 的出色处理能力，使得反向传播对深度前馈神经网络来说是可行的[①]。在著名的 MNIST 手写数字识别问题上，该方法胜过了所有其他机器学习技术。

9.7 深度学习工具

深度学习的主要挑战之一，是训练神经网络所需的处理时间。我们经常运行训练算法数小时，甚至数天，以寻找适合数据集的神经网络。我们在研究和预测模型中使用了几种框架。本书的示例也利用了这些框架，我们将详细介绍所有这些框架，以供你创建自己的实现。但是，除非你的目标是进行研究以增强深度学习方法本身，否则使用较为有名的框架将最适合你。这些框架中的大多数都经过了调整，可以非常快速地进行训练。

我们可以将本书中的示例分为两种。第一种示例向你展示如何实现神经网络或训练算法。本书中的大多数示例都是基于算法的，我们将在最低层面上探讨该算法。

应用示例是本书中包含的第二种示例。这些更高层面的示例说明了如何使用神经网络和深度学习算法。这些示例通常会使用本节中讨论的框架之一。通过这种方式，本书在理论和实际应用之间取得了平衡。

9.7.1 H2O

H2O 是一种机器学习框架，支持多种编程语言。尽管 H2O 是用

① Ciresan et al., 2010。

Java 实现的，但它被设计为一个 Web 服务。H2O 可以与 R、Python、Scala、Java 以及可以与 H2O 的 REST API 通信的任何语言一起使用。

此外，H2O 可以与 Apache Spark 一起用于大数据和云计算操作。Sparking Water 软件包让 H2O 可以在跨计算机网络的内存中运行大型模型。

除了深度学习，H2O 还支持其他多种机器学习模型，如对数概率回归、决策树和梯度提升（gradient boosting）。

9.7.2 Theano

Theano 是 Python 的数学软件包，类似于广泛使用的 Python 软件包 NumPy[①]。与 NumPy 一样，Theano 主要关注数学。尽管 Theano 并未直接实现深度神经网络，但它提供了程序员创建深度神经网络应用程序所需的所有数学工具。Theano 还直接支持 GPGPU。

9.7.3 Lasagne 和 nolearn

由于 Theano 不直接支持深度学习，因此人们在 Theano 上构建了多个软件包，以便程序员可以轻松地实现深度学习。Lasagne 和 nolearn 是经常一起使用的两个包。nolearn 是一个 Python 软件包，它提供了几种机器学习算法的抽象。通过这种方式，nolearn 类似于流行的框架 scikit-learn。scikit-learn 广泛关注机器学习，nolearn 专门研究神经网络。Lasagne 是 nolearn 支持的神经网络软件包之一，它提供了深度学习支持。

① J. Bergstra, O. Breuleux, F. Bastien, et al., J. Bergstra, O. Breuleux, F. Bastien, 2012。

你可以在 GitHub 上找到 nolearn 软件包。

深度学习框架 Lasagne 的名称源自意大利美食千层面（lasagna）。拼写 lasagne 和 lasagna 均被视为这种意大利美食的有效拼写。在意大利语中，lasagne 是单数形式，lasagna 是复数形式。无论使用哪种拼写，用 lasagna 来形容深度学习框架都很形象。图 9-4 展示了千层面与深度神经网络一样，由许多层组成。

图9-4　千层面

9.7.4 ConvNetJS

人们还为 JavaScript 创建了深度学习支持。ConvNetJS 软件包实现了许多深度学习算法，尤其是在卷积神经网络领域。ConvNetJS 的主要目标是在网站上创建深度学习示例。

9.8 深度信念神经网络

深度信念神经网络（DBNN）是深度学习的最早应用之一。DBNN

就是具有多个层的常规信念神经网络。Neil 在 1992 年提出的信念神经网络不同于常规的 FFNN。Hinton（2007）将 DBNN 描述为“由多层随机的潜在变量组成的概率生成式模型。”由于这个技术描述起来很复杂，因此我们要定义一些术语。

- 概率：DBNN 用于分类，其输出是输入属于每个类别的概率。
- 生成式：DBNN 可以为输入生成合理的、随机创建的值。一些 DBNN 文献将这个特征称为“做梦”（dreaming）。
- 多层：与神经网络一样，DBNN 可以由多层组成。
- 随机的潜在变量：DBNN 由玻尔兹曼机组成，这些机器会产生一些无法直接观察到（潜在）的随机值。

DBNN 和 FFNN 之间的主要区别总结如下。

- DBNN 的输入必须是二进制数，FFNN 的输入必须是十进制数。
- DBNN 的输出是输入所属的分类，FFNN 的输出可以是类（分类）或数字预测（回归）。
- DBNN 可以根据给定的结果生成合理的输入，FFNN 不能像 DBNN 一样表现。

这些是 DBNN 和 FFNN 重要的差异。第一点是 DBNN 的最大限制因素之一。DBNN 仅接收二进制输入，这一事实通常严重限制了它可以解决的问题类型。你还需要注意，DBNN 只能用于分类，而不能用于回归。换言之，DBNN 可以将股票分为购买、持有或出售等类别，但它无法提供有关库存的数字预测，如未来 30 天内可能达到的数量。如果需要这些特征中的任何一个，则应考虑使用常规的深度前馈神经网络。

与 FFNN 相比，DBNN 最初似乎有些局限性。但是，它们确实具有根据给定输出生成合理的输入的能力。最早的 DBNN 实验之一是让 DBNN 使用手写样本将 10 个数字分类。这些数字来自 MNIST 手写

数字数据集。用 MNIST 手写数字对 DBNN 进行训练，它就能产生每个数字的新表示，如图 9-5 所示。

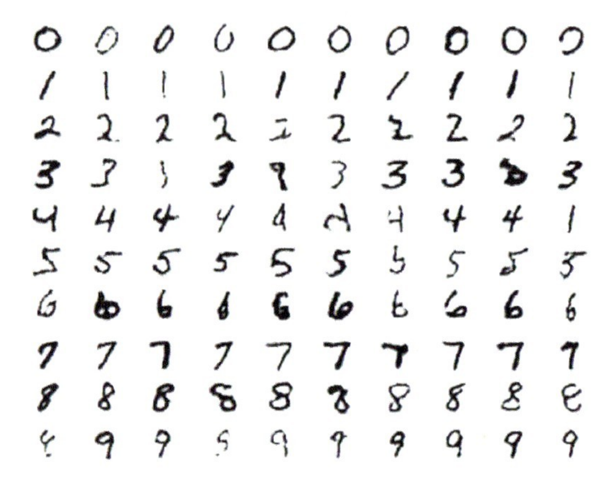

图9-5 DBNN生成的数字

以上数字摘自 Hinton（2006）的深度学习论文。第一行显示了 DBNN 从其训练数据生成的各种不同的 0。

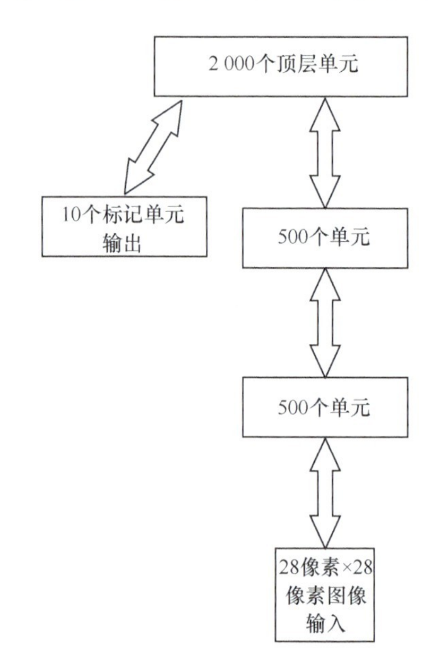

图9-6 DBNN

RBM 是 DBNN 的中心。提供给 DBNN 的输入通过一系列堆叠的 RBM 传递，它们构成了神经网络的各层。创建附加的 RBM 层会导致 DBNN 更深。尽管我们没有对 RBM 进行监督，但是希望对最终的 DBNN 进行监督。为了完成监督，我们添加了一个最终的对数概率回归层，以区分类别。对于 Hinton 的实验（见图 9-6），类别是 10 个数字。

图 9-6 展示了一个 DBNN，使用的超参数与 Hinton 的实验相同。超参数指定了神经网络的架构，如层数、隐藏的神经元计数和其他设置。呈现给 DBNN 的每个数字图像大小均为 28 × 28（即 784）维的向量。这些图像是单色的（即黑白的），每个像素都可以用一个比特来表示，与 DBNN 的所有输入均为二进制的要求兼容。上面的神经网络具有三层堆叠的 RBM，分别包含 500 个神经元、500 个神经元和 2 000 个神经元。

以下各小节讨论用于实现 DBNN 的多种算法。

9.8.1 受限玻尔兹曼机

第 3 章“霍普菲尔德神经网络和玻尔兹曼机”包含了对玻尔兹曼机的讨论，这里不赘述。本章介绍玻尔兹曼机的受限版本——RBM，并堆叠这些 RBM 以获得深度。第 3 章的图 3-4 展示了 RBM。RBM 与玻尔兹曼机的主要区别在于，RBM 可见（输入）神经元和隐藏（输出）神经元具有仅有的连接。在堆叠 RBM 的情况下，隐藏神经元将成为下一层的输出。图 9-7 展示了如何将两台 RBM 堆叠在一起。

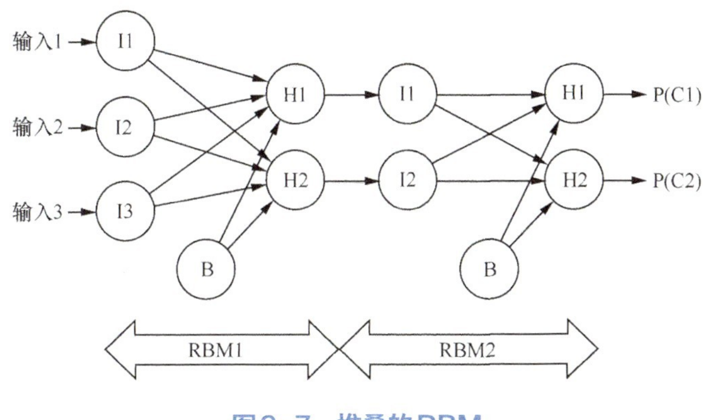

图 9-7 堆叠的 RBM

我们可以计算 RBM 的输出，可以利用第 3 章“霍普菲尔德神经网络和玻尔兹曼机”中的公式 3-6 进行计算。唯一的区别在于，现在我们有两台 RBM 堆叠在一起。RBM1 接收传递到其可见神经元的 3 个输入；隐藏神经元将其输出直接传递到 RBM2 的两个输入（可见神经元）。请注意，两个 RBM 之间没有权重，RBM1 中 H1 和 H2 神经元的输出直接从 RBM2 传递给 I1 和 I2。

9.8.2 训练 DBNN

训练 DBNN 的过程需要许多步骤。尽管这个过程背后的数学原理可能有些复杂，但是你无须了解训练 DBNN 的每个细节也可以使用它们。你只需要了解以下要点。

- DBNN 接受有监督和无监督训练。
- 在无监督部分，DBNN 使用训练数据而没有标记，这使 DBNN 可以混合使用监督数据和无监督数据。
- 在有监督部分，仅使用带有标记的训练数据。
- 在无监督部分，每个 DBNN 层都经过独立训练。
- 可以在无监督部分（通过线程）训练 DBNN 层。
- 在无监督部分完成之后，通过有监督对数概率回归来优化层的输出。
- 顶层对数概率回归层预测输入所属的分类。

有了这些知识，你就可以跳到本章 9.8.8 小节的深度信念应用。如果你想了解 DBNN 训练的具体细节，请继续阅读。

图 9-8 总结了 DBNN 训练的步骤。

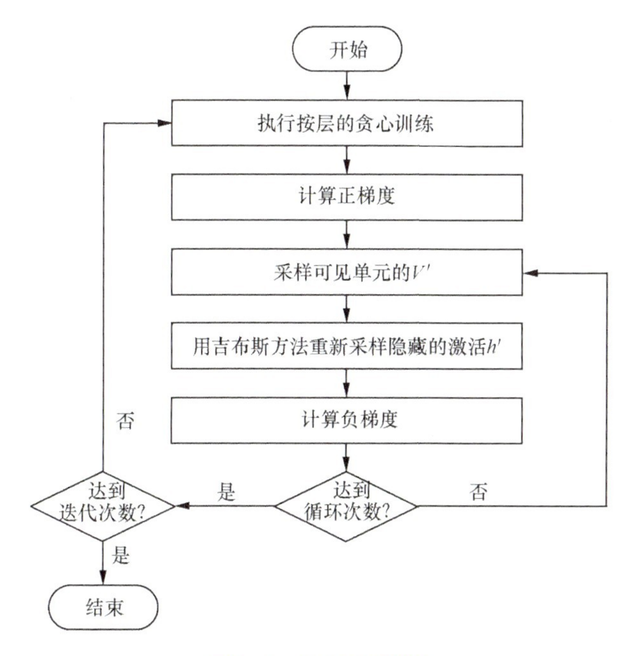

图9-8 DBNN训练

9.8.3 逐层采样

在单层上执行无监督训练时，第一步是计算直到该层的 DBNN 的所有值。你将针对每个训练集进行这种计算，DBNN 将为你提供当前正在训练的层的采样值。采样是指神经网络根据概率随机选择一个真 / 假值。

你需要理解，抽样使用随机数为你提供结果。由于这种随机性，你不会总是获得相同的结果。如果 DBNN 确定隐藏神经元为真的概率为 0.75，那么有 75% 的时间你将获得真值。逐层采样与第 3 章“霍普菲尔德神经网络和玻尔兹曼机”中用于计算玻尔兹曼机的输出的方法非常相似。我们将使用第 3 章中的公式 3-6 来计算概率。唯一的不同是，我们将使用公式 3-6 给出的概率来生成随机样本。

逐层采样的目的是产生一个二进制向量，提供给对比散度算法（contrastive divergence algorithm）。在训练每个 RBM 时，我们总是将前一个 RBM 的输出作为当前 RBM 的输入。如果我们要训练第一个 RBM（最接近输入），只需将训练输入向量用于对比散度。该过程允许对每个 RBM 进行训练。DBNN 的最终 Softmax 层在无监督阶段未受训练，最后的对数概率回归阶段将训练 Softmax 层。

9.8.4 计算正梯度

一旦逐层训练完了每个 RBM 层，我们就可以利用“上下算法”（up-down algorithm）或对比散度算法。完整的算法包括以下步骤，这些步骤将在后文中介绍。

- 计算正梯度；
- 吉布斯采样；
- 更新权重和偏置；
- 有监督的反向传播。

和第 6 章“反向传播训练”中介绍的许多基于梯度下降的算法一样，对比散度算法也基于梯度下降。它使用函数的导数来寻找让该函数产生最小输出的函数输入。在对比散度过程中估计了几个不同的梯度，我们可以使用这些估计值代替实际梯度计算，因为实际梯度太复杂而无法计算。对于机器学习，采用估计值通常就足够了。

另外，我们必须通过将可见神经元传播到隐藏神经元来计算隐藏神经元的平均概率。该计算是上下算法中的“向上”部分。公式 9-1 执行以下计算：

$$\bar{h}_i^+ = Sigmoid(\sum_j w_j v_j + b_i) \tag{9-1}$$

公式 9-1 计算每个隐藏神经元的平均概率（$\bar{h}$）。h 上方的短横表示它是一个平均值，正号标记表示我们正在计算算法中正向（即“向上”）部分的平均值。偏置会添加到所有可见神经元的加权和的 S 型激活函数值中。

接下来，必须为每个隐藏神经元采样一个值。利用刚计算出的平均概率，该值将随机分配为 true（1）或 false（0）。公式 9-2 完成了这种采样：

$$h_i^+ = \begin{cases} 1, r < \bar{h}_i^+ \\ 0, r \geqslant \bar{h}_i^+ \end{cases} \tag{9-2}$$

公式 9-2 假设 r 是 0 ~ 1 的一个均匀随机数。均匀随机数意味着该范围内的每个可能的数字都有相等的被选择概率。

9.8.5 吉布斯采样

负梯度的计算是上下算法的“向下”阶段。为了完成这种计算，该算法使用吉布斯采样来估计负梯度的平均值。Geman D. 和 Geman S.（1984）引入了吉布斯采样，并以物理学家 Josiah Willard Gibbs 命名。该技术通过循环迭代 k 次来完成，以提高估计的质量。每次迭代执行两个步骤：

（1）采样可见神经元提供给隐藏神经元；

（2）采样隐藏神经元提供给可见神经元。

对于吉布斯采样的第一次迭代，我们从 9.8.4 小节获得的正隐藏神经元样本开始。我们将从采样可见神经元的平均概率［即步骤（1）］。接下来，我们将利用这些可见的隐藏神经元，对隐藏的神经元进行采样［即步骤（2）］。这些新的隐藏概率是负梯度。对于下一次

迭代，我们将使用负梯度代替正梯度。这个过程在每次迭代中重复，并产生更好的负梯度。公式 9-3 完成了对可见神经元的采样：

$$\overline{v_i}^- = Sigmoid(\sum_j w_j v_j + b_i) \tag{9-3}$$

公式 9-3 实质上是公式 9-1 取反的结果。在这里，我们使用隐藏值确定可见平均值。然后，正如对正梯度所做的，我们使用公式 9-4 采样一个负概率：

$$v_i^- = \begin{cases} 1, r < \overline{v_i}^- \\ 0, r \geqslant \overline{v_i}^- \end{cases} \tag{9-4}$$

公式 9-4 假设 r 是 0 ~ 1 的一个均匀随机数。

公式 9-3 和公式 9-4 只是吉布斯采样步骤的一半。这些方程式实现了步骤（1），它们在给定隐藏神经元的情况下对可见神经元进行了采样。接下来，我们必须完成步骤（2）。给定可见的神经元，我们必须对隐藏神经元进行采样。这个过程与 9.8.4 小节“计算正梯度”非常相似。但这一次，我们要计算负梯度。

刚刚计算出的可见神经元的样本可以获得隐藏平均值，如公式 9-5 所示：

$$\overline{h_i}^- = Sigmoid(\sum_j w_j v_j + b_i) \tag{9-5}$$

和以前一样，平均概率可以采样一个实际值。在这种情况下，我们使用隐藏平均值来采样一个隐藏值，如公式 9-6 所示：

$$h_i^- = \begin{cases} 1, r < \overline{h_i}^- \\ 0, r \geqslant \overline{h_i}^- \end{cases} \tag{9-6}$$

吉布斯采样过程继续进行。负的隐藏样本可以在每次迭代中进行处理。一旦计算完成，你将拥有以下 6 个向量：

- 隐藏神经元的正平均概率；
- 隐藏神经元的正采样值；
- 可见神经元的负平均概率；
- 可见神经元的负采样值；
- 隐藏神经元的负平均概率；
- 隐藏神经元的负采样值。

这些值将更新神经网络的权重和偏置。

9.8.6 更新权重和偏置

所有神经网络训练的目的都是更新权重和偏置。这种调整使神经网络能够学习执行希望它执行的任务。这是 DBNN 训练过程中无监督部分的最后一步。在这个步骤中，将更新单层（玻尔兹曼机）的权重和偏置。如前所述，各个玻尔兹曼层是独立训练的。

权重和偏置会独立更新。公式 9-7 展示了如何更新权重：

$$\Delta_{ij} = \frac{\varepsilon(\bar{h}_i^{+} x_j - \bar{h}_i^{-} v_j^{-})}{|\boldsymbol{x}|} \tag{9-7}$$

学习率（ε）指定应该采用计算出的变化的比率。较高的学习率将使学习速度更快，但它们可能会跳过一组最佳权重。较低的学习率将使学习速度更慢，但结果的质量可能更高。值 $\boldsymbol{x}$ 代表当前训练集元素。因为 $\boldsymbol{x}$ 是向量（数组），所以 $\boldsymbol{x}$ 用“|| ||”标识其长度。公式 9-7 还使用了正平均隐藏概率、负平均隐藏概率和负采样值。

公式 9-8 以类似的方式计算偏置：

$$\Delta b_i = \frac{\varepsilon(h_i^{+} - \bar{h}_i^{-})}{\|\boldsymbol{x}\|} \tag{9-8}$$

公式 9-8 使用了来自正向阶段的采样隐藏值、来自负向阶段的平均隐藏值，以及输入向量。权重和偏置更新后，训练的无监督部分就完成了。

9.8.7 DBNN 反向传播

到目前为止，DBNN 训练一直侧重于无监督训练。DBNN 仅使用训练集输入（x 值），即使数据集提供了预期的输出（y 值），无监督的训练也没有使用它。现在，使用预期的输出来训练 DBNN。在最后阶段，我们仅使用数据集中包含预期输出的数据项。这个步骤允许程序将 DBNN 与数据集一起使用，而其中每个数据项不一定具有预期的输出。我们将该数据称为部分标记的数据集。

DBNN 的最后一层就是针对每个分类的神经元。这些神经元具有前一个 RBM 层输出的权重。这些输出神经元都使用 S 型激活函数和 Softmax 层。Softmax 层确保每个类的输出总和为 1。

采用常规的反向传播训练最后一层。最后一层实质上是前馈神经网络的输出层，前馈神经网络从顶层 RBM 接收其输入。第 6 章“反向传播训练”包含了对反向传播的讨论，因此不赘述。DBNN 的主要思想是，层次结构允许每一层解释下一层的数据。这种层次结构使学习可以遍及各个层。较高的层学习更多的抽象概念，而较低的层由输入数据形成。在实践中，与常规的反向传播训练前馈神经网络相比，DBNN 可以处理更复杂的模式。

9.8.8 深度信念应用

本小节介绍一个简单的 DBNN 示例。这个示例就是接受一系列

输入模式及其所属的分类。输入模式如下所示：

```
[[1, 1, 1, 1, 0, 0, 0, 0],
 [1, 1, 0, 1, 0, 0, 0, 0],
 [1, 1, 1, 0, 0, 0, 0, 0],
 [0, 0, 0, 0, 1, 1, 1, 1],
 [0, 0, 0, 0, 1, 1, 0, 1],
 [0, 0, 0, 0, 1, 1, 1, 0]]
```

我们提供每个训练集元素的预期输出。这些信息指定了上述每个元素所属的分类，如下所示：

```
[[1, 0],
 [1, 0],
 [1, 0],
 [0, 1],
 [0, 1],
 [0, 1]]
```

本书示例中提供的程序将创建具有以下配置的 DBNN。

- 输入层的大小：8。
- 隐藏的第 1 层：2。
- 隐藏的第 2 层：3。
- 输出层的大小：2。

首先，我们训练每个隐藏层。然后，我们在输出层执行对数概率回归。该程序的输出如下所示：

```
Training Hidden Layer #0
Training Hidden Layer #1
Iteration: 1, Supervised training: error = 0.2478464544753616
Iteration: 2, Supervised training: error = 0.23501688281192523
Iteration: 3, Supervised training: error = 0.2228704042138232
...
Iteration: 287, Supervised training: error = 0.001080510032410002
Iteration: 288, Supervised training: error = 7.821742124428358E-4
```

```
    [0.0, 1.0, 1.0, 1.0, 0.0, 0.0, 0.0, 0.0] -> [0.9649828726012807,
0.03501712739871941]
    [1.0, 0.0, 1.0, 1.0, 0.0, 0.0, 0.0, 0.0] -> [0.9649830045627616,
0.03501699543723843 5]
    [0.0, 0.0, 0.0, 0.0, 0.0, 1.0, 1.0, 1.0] -> [0.03413161595489315,
0.9658683840451069]
    [0.0, 0.0, 0.0, 0.0, 1.0, 0.0, 1.0, 1.0] -> [0.03413137188719462,
0.9658686281128055]
```

如你所见，该程序首先训练了隐藏层，然后进行了288次回归迭代。在迭代过程中，误差水平显著下降。最后，样本数据查询了神经网络。神经网络响应是在我们上面指定的两个类别中输入样本出现在每个类别中的概率。

如神经网络报告了以下元素：

```
[0.0, 1.0, 1.0, 1.0, 0.0, 0.0, 0.0, 0.0]
```

其中，元素属于1类的概率约为96%，而属于2类的概率只有约4%。针对每个分类报告的两个概率之和必须为100%。

9.9 本章小结

本章概述了深度学习的许多组成部分。深度神经网络是包含两个以上隐藏层的所有神经网络。尽管深度神经网络与多层神经网络存在的时间一样长，但是直到现在，它们仍缺乏良好的训练算法。新的训练技术、激活函数和正则化正使得训练深度神经网络变得可行。

过拟合是机器学习中许多领域的常见问题，神经网络也不例外。正则化可以防止过拟合。大多数形式的正则化都涉及在训练发生时修改神经网络的权重。对于深度神经网络，Dropout是一种非常常见的正则化技术，它会随着训练的进行而移除神经元。这种技术可防止神经网络过度依赖任何一个神经元。

我们以 DBNN 作为本章的结尾，该神经网络对可能被部分标记的数据进行了分类。首先，标记数据和无标记数据都可以在无监督训练的情况下初始化神经网络的权重。使用这些权重，对数概率回归层可以根据标记的数据调整网络。

在本章中，我们还讨论了 CNN。这种神经网络使权重神经在神经网络中的各个神经元之间共享。这种神经网络让 CNN 可以处理计算机视觉中非常常见的重叠特征类型。本章仅提供了 CNN 的一般概述，我们将在第 10 章中更详细地研究 CNN。

第10章
卷积神经网络

本章要点：

- 稀疏连接；
- 共享权重；
- 最大池化。

CNN是一种神经网络技术，它已深刻地影响了计算机视觉领域。Fukushima（1980）引入了卷积神经网络的原始概念，LeCun、Bottou、Bengio和Haffner（1998）大大改进了这个概念。通过这项研究，Yann LeCun引入了著名的LeNet-5神经网络架构。本章介绍具有LeNet-5风格的卷积神经网络。

尽管主要是在计算机视觉领域使用CNN，但该技术在这个领域之外也有一些应用。你需要认识到，如果要在非可视数据上使用CNN，则必须找到一种对数据进行编码的方法，让它可以模拟可视数据的属性。

CNN有点类似于我们在第2章"自组织映射"中讨论的SOM。向量元素的顺序对训练至关重要。相比之下，大多数不是CNN或SOM的神经网络都将其输入数据看成值的长向量，在这个向量中传入特征的排列顺序是无关紧要的。对于这些类型的神经网络，训练神经网络后就无法更改传入特征的排列顺序。换言之，CNN和SOM不遵循输入向量的标准处理。

SOM 将输入排列成网格。这种安排对图像效果很好，因为互相邻近的像素对彼此很重要。显然，图像中像素的顺序很重要。人体就是这类顺序的一个相关例子——对于脸部的设计，我们习惯于眼睛彼此靠近。同样地，类似 SOM 的神经网络坚持这样的像素顺序。因此，它们在计算机视觉领域中有许多应用。

尽管 SOM 和 CNN 相似，都采用了将输入映射到 2D 网格，甚至更高维度的对象（如 3D 盒子）的方式，但 CNN 将图像识别提升到了更高的水平。CNN 的这一进步缘于对生物眼睛的多年研究。换言之，CNN 利用重叠的输入视野（field）来模拟生物眼睛的特征。在这项突破之前，人工智能一直无法复制生物视觉的功能。

过去，缩放、旋转和噪声为 AI 计算机视觉研究带来了挑战。在下面的例子中，你可以看到生物眼睛的复杂性。一个朋友举起一张纸，上面写着一个很大的数字。当你的朋友离你越来越近时，这个数字仍然可以被识别。当你的朋友旋转纸张时，你仍然可以识别该数字。最后，你的朋友通过在纸上画上线条，产生噪声，你仍然可以识别该数字。如你所见，这些例子演示了生物眼睛的高级功能，让你可以更好地了解 CNN 的研究突破。也就是说，在计算机视觉领域，该神经网络能处理缩放、旋转和噪声。

10.1 LeNet-5

我们可以将 LeNet-5 架构用于图形、图像的分类。采用这种架构的神经网络类似于我们在前几章中讨论的前馈神经网络。数据从输入流向输出。但是，LeNet-5 神经网络包含几种不同的层类型，如图 10-1 所示。

前馈神经网络和 LeNet-5 神经网络之间存在几个重要区别。

- 前馈神经网络传递向量，LeNet-5 神经网络传递 3D 立方体数据集。

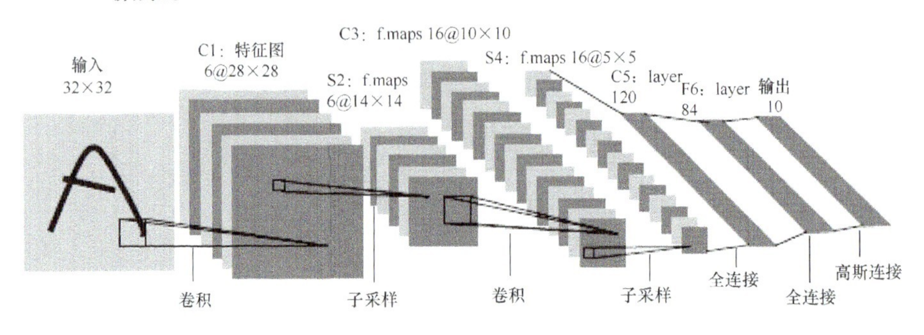

图10-1 LeNet-5神经网络[①]

- LeNet-5 神经网络包含多种层类型。
- 计算机视觉是 LeNet-5 的主要应用。

我们也探讨了这些网络之间的许多相似之处。最重要的相似之处在于，我们可以使用相同的基于反向传播的技术来训练 LeNet-5。所有优化算法都可以训练前馈或 LeNet-5 神经网络的权重。具体来说，你可以使用模拟退火、遗传算法和粒子群优化进行训练。LeNet-5 经常使用反向传播训练。

以下三种类型的层构成了最初的 LeNet-5 神经网络：

- 卷积层；
- 最大池层；
- 稠密层。

其他神经网络框架会添加与计算机视觉有关的其他层类型。但

① LeCun，1998。

是，我们不会探讨超出 LeNet-5 以外的内容。添加新的层类型是扩大现有神经网络研究的一种常用方法。第 12 章“Dropout 和正则化”将介绍一种附加的层类型，该类型旨在通过添加一个 Dropout 层来减少过拟合。

现在，我们将讨论集中在与 CNN 相关的层类型上。我们从卷积层开始。

10.2 卷积层

我们要探讨的第一层是卷积层。我们从一些超参数开始，它们是在支持 CNN 的大多数神经网络框架中必须为卷积层指定的：

- 滤波器（filter）数量；
- 滤波器大小；
- 卷积步长（stride）；
- 填充（padding）；
- 激活函数 / 非线性。

卷积层的主要目的是检测特征，如边缘、线条、颜色斑点和其他视觉元素。滤波器可以检测到这些特征。我们为卷积层提供的滤波器越多，它可以检测到的特征就越多。

滤波器是扫描图像的方形对象。较小的网格可以代表网格的各个像素。你可以将卷积层视为一个较小的网格，它在图像的每一行上从左向右扫描。还有一个超参数可以指定方形滤波器的宽度和高度。图 10-1 展示了这个配置，其中你可以看到 6 个卷积滤波器扫描图像网格。

卷积层与它的上一层（即图像网格）之间具有权重。每个卷积层上的每个像素都是一个权重。因此，卷积层与其上一层（即图像视

野）之间的权重数如下：

```
[Filter Size] * [Filter Size] * [Number of Filters]
```

如果10个滤波器的尺寸都为5(即代表5×5)，则共有250个权重。

你需要理解卷积滤波器如何扫描上一层的输出或图像网格。图10-2展示了一个卷积滤波器。

0	0	0	0	0	0	0	0	0	0
0	1	3	2	8	4	2	1	3	0
0	0	5	4	8	7	3	2	1	0
0	8	1	8	4	1	3	6	2	0
0	18	4	8	1	23	2	4	17	0
0	19	8	24	14	22	10	11	12	0
0	20	62	23	9	21	6	7	4	0
0	3	13	17	5	13	16	2	8	0
0	0	0	0	0	0	0	0	0	0

图10-2 卷积滤波器

图10-2展示的卷积滤波器，大小为4，填充大小为1。填充大小决定了滤波器扫描区域中的零边界。即使图像实际大小为8×7，额外的填充也为滤波器扫描提供了9×8的虚拟图像大小。步长指定卷积滤波器每次扫描将停在什么位置。卷积滤波器向右移动，按步长中指定的单元格数前进。一旦到达最右边，卷积滤波器将移回最左边，然后向下移动一个步长，然后再次向右移动。

上述过程存在与步长大小相关的一些限制。显然，步长不能为0。如果将步长设置为0，则卷积滤波器将永远不会移动。此外，步长和卷积滤波器的大小都不能大于前面的网格。对于宽度为w的图像，步长s、填充p和滤波器宽度f还有其他限制。具体来说，卷积

滤波器必须能从最左上的边界开始，移动一定步长，然后到达最右下的边界。公式 10-1 展示了卷积滤波器穿过图像必须走的步数：

$$steps = \frac{w - f + 2p}{s + 1} \qquad (10\text{-}1)$$

步数必须是整数。换言之，它不能有小数位。调整填充（p）的目的是使公式 10-1 得到整数结果。

当卷积滤波器扫描图像时，我们可以使用相同的权重集。这个过程允许卷积层共享权重，并大大减少所需的处理量。这样，你就可以在一系列移动的位置上识别图像，因为相同的卷积滤波器会扫描整个图像。

卷积层的输入和输出都是 3D 盒子。对于卷积层的输入，盒子的宽度和高度等于输入图像的宽度和高度，盒子的深度等于图像的颜色深度。对于 RGB 图像，深度为 3，即红色、绿色和蓝色的分量。如果卷积层的输入是另一层，那么它也是 3D 盒子，但是，该 3D 盒子的大小将取决于该层的超参数。

和神经网络中的所有其他层一样，卷积层输出的 3D 盒子的大小由该层的超参数决定。盒子的宽度和高度均等于滤波器大小，深度等于滤波器的数量。

10.3 最大池层

最大池层将 3D 盒子缩小采样（downsample）为更小的新盒子。通常，总是可以在卷积层之后立即放置一个最大池层。图 10-1 展示了紧接在 C1 和 C3 层之后的最大池层。这些最大池层逐渐缩小了穿过它们的 3D 盒子的大小。这种技术可以避免过拟合[①]。

① Krizhevsky、Sutskever 和 Hinton，2012。

池化层具有以下超参数：

- 空间范围（f）;
- 步长（s）。

与卷积层不同，最大池层不使用填充。此外，最大池层没有权重，因此训练不会影响它们。这些层仅对3D盒子输入进行缩小采样。

最大池层生成的3D盒子的宽度的计算如公式10-2所示：

$$w_2 = \frac{w_1 - f}{s + 1} \tag{10-2}$$

最大池层生成的3D盒子的高度的计算与公式10-2类似：

$$h_2 = \frac{h_1 - f}{s + 1} \tag{10-3}$$

最大池层生成的3D盒子的深度，等于输入接收的3D盒子的深度。

最大池层超参数最常见的设置是$f = 2$和$s = 2$。空间范围（f）指定将2×2的盒子缩小为单个像素。在这4个像素中，具有最大值的像素将在新网格中代表2×2的单个像素。由于大小为4的正方形被大小为1的正方形替代，因此丢失了75%的像素信息。图10-3展示了这种转换，6×6的网格变为3×3的网格。

4	8	2	1	1	3
7	1	1	2	2	6
2	2	3	8	1	9
2	2	6	2	8	4
3	2	1	2	1	8
1	1	1	3	6	1

8	2	6
2	8	9
3	3	8

图10-3　最大池化（$f = 2$、$s = 2$）

当然，图 10-3 将每个像素显示为单个数字。灰度图像具有这种特征。对于 RGB 图像，我们通常取 3 个数字的平均值，以确定哪个像素具有最大值。

10.4 稠密层

LeNet-5 神经网络中的最后一个层是稠密层（dense layer）。该层类型与我们在前馈神经网络中看到的层类型完全相同。稠密层将上一层输出的 3D 盒子中的每个元素（神经元）连接到稠密层中的每个神经元，对生成的向量使用激活函数。LeNet-5 神经网络通常使用 ReLU 激活函数。我们也可以用 S 型激活函数，尽管这种技术不太常见。稠密层通常包含以下超参数：

- 神经元计数；
- 激活函数。

神经元计数指定组成该层的神经元数。激活函数指示要使用的激活函数的类型。稠密层可以采用许多不同种类的激活函数，如 ReLU、S 型或双曲正切激活函数。

LeNet-5 神经网络通常会包含几个稠密层作为其最终层。LeNet-5 中的最后一个稠密层实际上执行了分类。每个类别或图像类型应有一个输出神经元进行分类。如果神经网络用于区分狗、猫和鸟，就会有 3 个输出神经元。你可以将一个最终的 Softmax 函数应用于最终层，将输出神经元视为概率。Softmax 允许每个神经元提供图像代表每个类别的概率。由于现在输出的神经元是概率，因此 Softmax 确保它们的总和为 1（100%）。要复习 Softmax，你可以阅读第 4 章“前馈神经网络”。

10.5 针对 MNIST 数据集的卷积神经网络

在第 6 章“反向传播训练”中，我们使用 MNIST 手写数字作为使用反向传播的示例。在本节中，我们将举一个改进 MNIST 手写数字识别的例子，建立一个深度卷积神经网络。卷积神经网络是一种深度神经网络，其层数比第 4 章中的前馈神经网络要多。该神经网络的超参数如下。

- 输入：接受 [1,96,96] 的盒子。
- 卷积层：滤波器 = 32，滤波器大小 = [3,3]。
- 最大池层：[2,2]。
- 卷积层：滤波器 = 64，滤波器大小 = [2,2]。
- 最大池层：[2,2]。
- 卷积层：滤波器 = 128，滤波器大小 = [2,2]。
- 最大池层：[2,2]。
- 稠密层：500 个神经元。
- 输出层：30 个神经元。

该神经网络使用非常常见的模式，每个卷积层之后跟一个最大池层。另外，滤波器的数量从输入层到输出层逐渐递增，从而允许在输入视野附近检测到较少数量的基本特征，如边缘、线条和小形状等。连续的卷积层将这些基本特征汇总为更大、更复杂的特征。最终，稠密层可以将这些高级特征映射到实际 15 位特征的每个 x 坐标和 y 坐标。

训练卷积神经网络需要花费大量时间，尤其当你不使用 GPU 处理时。截至 2015 年 7 月，并非所有框架都对 GPU 处理提供同样的支持。目前，将 Python 与基于 Theano 的神经网络框架（如 Lasagne）结合使用可提供最佳结果。许多正在改进深度卷积神经网络的研究人员也正在与 Theano 合作。因此，Theano 很可能会先于其他语言的其他

框架对 GPU 处理提供支持。

在这个示例中，我们结合使用了 Theano 与 Lasagne。本书的示例下载可能还会有针对该示例的其他语言版本，具体取决于这些语言的可用框架。在 GPU 上训练基于 Theano 的卷积神经网络来进行数字特征识别，所需的时间少于在 CPU 上训练的时间，因为 GPU 对卷积神经网络帮助极大。具体的性能提升根据硬件和平台而有所不同。卷积神经网络和常规 ReLU 神经网络之间的精确性比较如下：

```
ReLU:
Best valid loss was 0.068229 at epoch 17.
Incorrect 170/10000 (1.7000000000000002%)
ReLU+Conv:
Best valid loss was 0.065753 at epoch 3.
Incorrect 150/10000 (1.5%)
```

如果将卷积神经网络的结果与第 4 章中的标准前馈神经网络进行比较，你会发现卷积神经网络的表现更好。卷积神经网络能够识别数字中的子特征，从而让它的表现超过标准前馈神经网络。当然，这些结果会有所不同，具体取决于所使用的平台。

10.6 本章小结

卷积神经网络是在计算机视觉中应用非常广泛的技术。它们让神经网络能够检测要素的层次结构，如由线条和小形状等简单的特征形成的层次结构，从而教会神经网络识别由更简单的特征组成的复杂模式。深度卷积神经网络会占用相当大的处理能力。一些框架允许使用 GPU 处理来增强性能。

Yann LeCun 推出了最常见的卷积神经网络 LeNet-5。这种神经网络由稠密层、卷积层和最大池层组成。稠密层的工作方式与传统前馈

神经网络完全相同，最大池层可以对图像进行缩小采样并去除细节，卷积层检测图像视野中任何部分的特征。

为神经网络确定最佳架构的方法有很多。第 8 章“NEAT、CPPN 和 HyperNEAT”介绍了一种神经网络算法，该算法可以自动确定最佳架构。如果使用前馈神经网络，则很可能会通过剪枝和模型选择来确定架构，我们将在第 11 章中进行讨论。

第11章
剪枝和模型选择

本章要点：

- 神经网络剪枝；
- 模型选择；
- 随机搜索与网格搜索。

从前文我们得知，你可以利用各种训练算法，更好地调整神经网络的权重。实际上，这些算法调整神经网络的权重是为了降低神经网络的误差。我们通常将神经网络的权重称为神经网络模型的参数。一些机器学习模型可能具有权重以外的参数，如对数概率回归将系数作为参数。

当我们训练模型时，所有机器学习模型的参数都会改变，但是，这些模型还有一些在训练算法期间不变的超参数。对于神经网络，超参数指定了神经网络的架构。神经网络超参数的例子包括隐藏层和隐藏神经元的数量。

在本章中，我们将研究两种可以实际修改或为神经网络的结构提供建议的算法。剪枝通过分析每个神经元对神经网络输出的贡献来进行。如果特定神经元与另一神经元的连接不会显著影响神经网络的输出，则删除该连接。通过这个过程，对输出仅产生少量影响的连接和神经元将被删除。

本章介绍的另一种算法是模型选择。剪枝从已经训练好的神经网络开始，而模型选择会创建并训练许多具有不同超参数的神经网络。然后，程序选择产生神经网络的超参数，以达到最佳验证得分。

11.1 理解剪枝

剪枝是使神经网络更高效的过程。与本书已经讨论过的训练算法不同，剪枝不会改善神经网络的训练误差。剪枝的主要目的是减少使用神经网络所需的处理量。另外，剪枝有时可以通过消除神经网络的复杂性，产生正则化效果。这种正则化有时可以减少神经网络中的过拟合。过拟合的减少可以帮助神经网络在训练集以外的数据上表现得更好。

剪枝通过分析神经网络的连接来进行。剪枝算法查找可以从神经网络中删除的单个连接和神经元，使它更有效地运行。通过删除不需要的连接，可以使神经网络执行得更快，并尽可能减少过拟合。在接下来 11.1.1 和 11.1.2 小节中，我们将研究如何剪枝连接和神经元。

11.1.1 剪枝连接

剪枝连接是大多数剪枝算法的核心。该程序分析神经元之间的各个连接，以确定哪些连接对神经网络的有效性影响最小。连接不是程序剪枝的唯一目标。程序分析剪枝的连接后，还可以剪枝单个神经元。

11.1.2 剪枝神经元

剪枝主要集中在神经网络各个神经元之间的连接上。如果要剪枝单个神经元，我们必须检查每个神经元和其他神经元之间的连接。如果一个特定的神经元被弱连接完全包围，就没有理由保留该神经元。如果我们应用 11.1.1 小节中讨论的标准，就会得到没有连接的神经元，因为程序已剪掉了该神经元的所有连接。然后程序可以剪掉这种类型的神经元。

11.1.3 改善或降低表现

剪枝神经网络可能会改善其表现。对神经网络权重矩阵的任何修改，总会对神经网络识别的准确率产生某些影响。对神经网络影响很小或没有影响的连接，实际上可能会降低神经网络识别模式的准确率。消除这个弱连接可以改善神经网络的整体输出。

不幸的是，剪枝还可能降低神经网络的有效性。因此，必须坚持在剪枝前后分析神经网络的有效性。由于效率高是剪枝的主要好处，因此你必须谨慎评估处理时间上的改进与降低神经网络的有效性相比，是否值得。在本章的编程示例中，我们将在剪枝之前和之后评估神经网络的总体有效性。该分析将使我们了解剪枝过程对神经网络有效性的影响。

11.2 剪枝算法

现在，我们将仔细地查看剪枝的方式。首先，剪枝检查先前训练过的神经网络的权重矩阵。然后，剪枝算法将尝试删除神经元而不破坏神经网络的输出。图 11-1 展示了用于选择性剪枝的算法流程。

如你所见，选择性剪枝算法采取了试错的方式。选择性剪枝算法尝试从神经网络中删除神经元，直到它无法删除其他神经元，而不降低神经网络的表现。

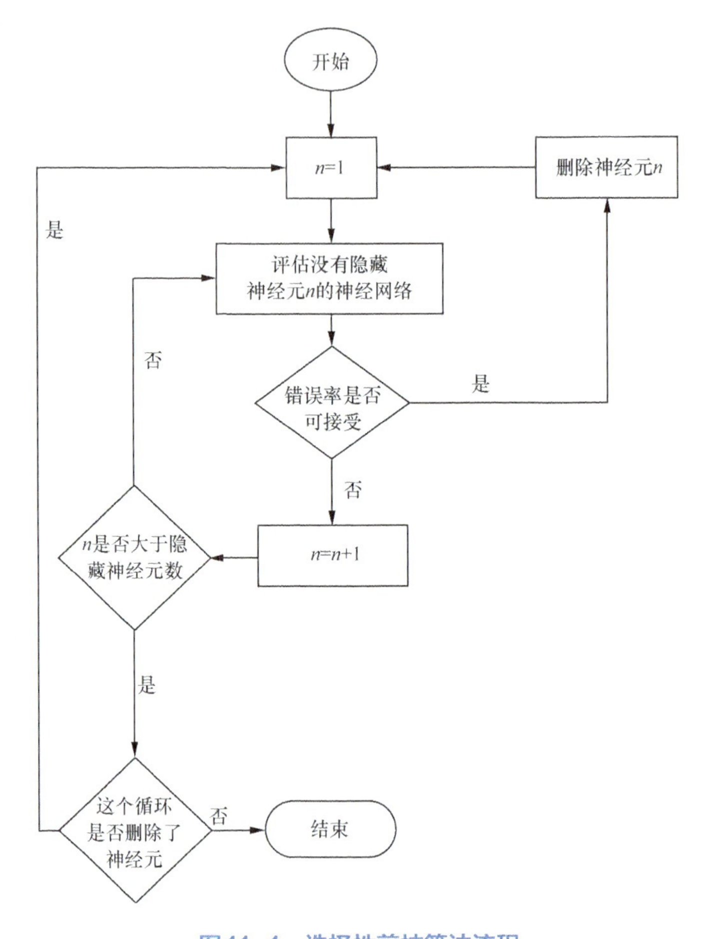

图11-1　选择性剪枝算法流程

要进行此流程，选择性剪枝算法将循环遍历每个隐藏的神经元。对于遇到的每个隐藏神经元，程序都会评估带有或不带有指定神经元的神经网络的误差水平。如果错误率超过预定水平，程序将保留该神经元并评估下一个神经元。如果错误率没有明显提高，则程序将删除该神经元。

该程序评估完所有神经元后，将重复该流程。这个循环一直持续到程序遍历隐藏神经元一次，而不删除任何神经元。这个流程完成后，便会获得一个新的神经网络，该神经网络的表现与原始神经网络相当，但具有更少的隐藏神经元。

11.3 模型选择

模型选择的过程，是程序员尝试寻找产生最佳神经网络或其他机器学习模型的一组超参数的过程。在本书中，我们提到了许多不同的超参数，它们是你必须提供给神经网络框架的参数。神经网络的部分超参数列举如下：

- 隐藏层数；
- 卷积层、池化层和 Dropout 层的顺序；
- 激活函数的类型；
- 隐藏的神经元数量；
- 池化层和卷积层的结构。

在阅读有关超参数的内容时，你可能一直想知道，如何才知道要设置哪些超参数。不幸的是，没有简单的答案。如果存在确定这些设置的简便方法，那么程序员将构建能够自动为你设置这些超参数的神经网络框架。

虽然我们将在第 14 章“构建神经网络”中提供更多有关超参数的信息，但你仍然需要使用本章中介绍的模型选择过程。不幸的是，模型选择非常耗时。在我们实际参加的上一次 Kaggle 比赛中，曾花费了 90% 的时间进行模型选择。通常，建模的成功与你花在模型选择上的时间密切相关。

11.3.1 网格搜索模型选择

网格搜索是一种反复试验的蛮力算法。对于这种算法，必须指定

要使用的超参数的每个组合。你必须谨慎选择，因为为了实现搜索，迭代次数会迅速增加。通常，你必须指定要搜索的超参数。这种指定可能如下所示。

- 隐藏的神经元：2 ~ 10，步长 2。
- 激活函数：tanh、S 型和 ReLU。

第一项指出，网格搜索应尝试搜索 2 ~ 10 的隐藏神经元计数，步长为 2，从而得出以下结果：2、4、6、8 和 10（总共 5 种可能性）。第二项指出，我们还应该针对每个神经元计数尝试采用激活函数 tanh、S 型和 ReLU。5 种可能性乘以 3 种可能性，因此该过程总共进行了 15 次迭代。这些可能性在下面列出：

```
Iteration #1:  [2][sigmoid]
Iteration #2:  [4][sigmoid]
Iteration #3:  [6][sigmoid]
Iteration #4:  [8][sigmoid]
Iteration #5:  [10][sigmoid]
Iteration #6:  [2][ReLU]
Iteration #7:  [4][ReLU]
Iteration #8:  [6][ReLU]
Iteration #9:  [8][ReLU]
Iteration #10:  [10][ReLU]
Iteration #11:  [2][tanh]
Iteration #12:  [4][tanh]
Iteration #13:  [6][tanh]
Iteration #14:  [8][tanh]
Iteration #15:  [10][tanh]
```

每种可能性称为一个轴（axis）。这些轴会旋转着遍历所有可能的组合。你可以想象汽车的里程表，来更加形象地想象这个过程。最左侧的转盘（即轴）旋转得最快。它的计数范围是 0 ~ 9。一旦达到 9，并且需要转到下一个数字，它将转回 0，并且左边的下一个位置向前转动一个数字。除非下一个位置也为 9，否则左边的转盘将继续转。在某个时候，里程表上的所有数字都为 9，整个设备将转回 0。最后的转动发生时，将完成网格搜索。

大多数框架允许两种轴类型。第一种类型是带有步长的数字范围；第二种类型是值的列表，如上面的激活函数。以下 JavaScript 示例允许你尝试使用自己的一组轴来查看所产生的迭代次数：

http://www.heatonresearch.com/aifh/vol3/grid_iter.html

清单 11-1 展示了转动几组值的所有迭代所需的伪代码。

清单 11-1　网格搜索

```
# The variable axes contains a list of each axis
# Each axes (in axes) is a list of possible values
# for that axis
# Current index of each axis is zero, create an array
# of zeros
indexes = zeros(len(axes))
done = false
while not done:
# Prepare vector of current iteration's
# hyper-parameters
  iteration = []
  for i from 0 to len(axes)
    iteration.add(axes [i][indexes[i]] )
# Perform one iteration, passing in the hyper-parameters
# that are stored in the iteration list.  This function
# should train the neural network according to the
# hyper-parameters and keep note of the best trained
# network so far
  perform_iteration(iteration)
# Rotate the axes forward one unit, like a car's
# odometer
  indexes[0] = indexes[0] + 1;
  var counterIdx = 0;
# roll forward the other places, if needed
  while not done and  indexes[counterIdx]>=
```

```
        len(axes [counterIdx]):
    indexes[counterIdx] = 0
    counterIdx = counterIdx + 1
    if counterIdx>=len(axes):
      done = true
    else:
      indexes[counterIdx] = indexes[counterIdx] + 1
```

上面的代码使用两个循环来遍历每组可能的超参数。当程序仍在生成超参数时，第一个循环就会继续。每次循环，该循环都会将第一个超参数增加到下一个值。第二个循环检测第一个超参数是否已翻转。内部循环将继续前进到下一个超参数，直到不再发生翻转为止。一旦所有超参数都翻转过来，该过程就完成了。

如你所见，网格搜索很快就会导致大量迭代。考虑是否要在5个层上搜索隐藏神经元的最佳数量，每个层上最多允许200个神经元。这个过程导致200的5次幂（即3 200亿）次迭代。因为每次迭代都涉及训练神经网络，所以迭代可能需要几分钟、几小时，甚至几天来执行。

在执行网格搜索时，多线程和网格处理可能是有益的。通过线程池运行迭代可以大大加快搜索速度。线程池的大小应该等于计算机的核心数。这种特征允许具有8个核心的计算机同时在8个神经网络上工作。同时运行多个迭代时，单个模型的训练必须是单线程的。许多框架将使用所有可用的核心来训练单个神经网络。当你要训练大量的神经网络时，应该总是考虑并行训练多个神经网络，以便每个神经网络都使用多个计算机核心。

11.3.2 随机搜索模型选择

也可以使用随机搜索进行模型选择。随机搜索方法不是系统地尝试每个超参数组合，而是为超参数选择随机值。对于数字范围，你不再需要指定步长，随机模型选择将在指定的起点和终点之间选择连续范围的浮点数。对于随机搜索，程序员通常指定时间或迭代限制。下面展示了使用上面同样的轴进行的随机搜索，但仅限于 10 次迭代：

```
Iteration #1:  [3.298266736790538][sigmoid]
Iteration #2:  [9.569985574809834][ReLU]
Iteration #3:  [1.241154231596738][sigmoid]
Iteration #4:  [9.140498645836487][sigmoid]
Iteration #5:  [8.041758658131585][tanh]
Iteration #6:  [2.363519841339439][ReLU]
Iteration #7:  [9.72388393455185][tanh]
Iteration #8:  [3.411276006139815][tanh]
Iteration #9:  [3.1166220877785236][sigmoid]
Iteration #10:  [8.559433702612296][sigmoid]
```

如你所见，第一个轴（即隐藏的神经元计数）采用浮点值。你可以通过将神经元计数四舍五入到最接近的整数来解决这个问题。我们还建议避免重复测试相同的超参数。因此，该程序应保留以前尝试过的超参数的列表，以便不会重复使用先前尝试过的超参数，这些尝试过的超参数属于一个较小的范围。

以下网址利用 JavaScript 展示了随机搜索的实际效果：

```
http://www.heatonresearch.com/aifh/vol3/random_iter.html
```

11.3.3 其他模型选择技术

模型选择是一个非常活跃的研究领域，因此，有许多创新的方法来实现它。你可以将超参数视为值的向量，并将为这些超参数找到最佳神经网络得分的过程视为目标函数，从而将搜索超参数视为优化

问题。我们在本系列图书的前两卷中研究了许多优化算法。这些算法如下：

- 蚁群优化（Ant Colony Optimization，ACO）；
- 遗传算法；
- 基因编程；
- 爬山；
- Nelder-Mead；
- 粒子群优化；
- 模拟退火。

尽管算法列表很长，但现实是这些算法中的大多数都不适合模型选择，因为模型选择的目标函数计算起来很耗时。训练一个神经网络，并确定给定的一组超参数对神经网络的训练有多好，可能需要几分钟、几小时，甚至几天的时间。

如果你希望将优化功能应用于模型选择，则 Nelder-Mead（有时是爬山）是最好的选择。这些算法试图最小化对目标函数的调用。对于超参数搜索，调用目标函数非常昂贵，因为必须训练神经网络。一种优化的好方法是生成一组超参数，用作 Nelder-Mead 的起点，并让 Nelder-Mead 来改善这些超参数。Nelder-Mead 是超参数搜索的不错选择，因为它对目标函数的调用相对较少。

模型选择是 Kaggle 数据科学竞赛中很常见的部分。根据比赛的讨论和报告，大多数参与者使用网格和随机搜索进行模型选择，Nelder-Mead 也很受欢迎。另一种日益流行的技术是贝叶斯优化，如 Snoek、Larochelle 和 Adams（2012）所述。用 Python 实现的这个算法称为 Spearmint，你可以在 GitHub 搜索来找到它。

贝叶斯优化是一种相对较新的模型选择技术，我们直到最近才开

始对它进行研究。因此，本书不包含对它更深入的研究，将来的版本可能会包含有关这项技术的更多信息。

11.4 本章小结

正如你在本章中学到的，可以对神经网络进行剪枝。剪枝神经网络会删除连接和神经元，使神经网络更有效率。执行速度、连接数和错误率都是效率的衡量标准。尽管神经网络必须有效识别模式，但提高效率是剪枝的主要目标。有几种不同的算法可以剪枝神经网络。在本章中，我们研究了其中两种算法。如果你的神经网络已经运行得足够快，那么必须评估剪枝是否合理。即使效率很重要，你也必须权衡提高效率与权衡神经网络有效性。

模型选择在神经网络开发中起着重要作用。超参数用来对隐藏的神经元数、层数和激活函数等进行设置。模型选择被用来找到将产生最佳训练神经网络的超参数集。各种算法可以搜索超参数的可能设置，并找到最佳设置。

剪枝有时会减少神经网络的过拟合。这种过拟合的减少通常只是剪枝过程的副产品。减少过拟合的算法称为正则化算法。剪枝有时会产生正则化效果，此外还有一整套算法可以减少过拟合，它们被称为正则化算法。在第 12 章中，我们将专注探讨这些算法。

第12章 Dropout和正则化

本章要点：

- 正则化；
- L1 和 L2 正则化；
- Dropout 层。

正则化是一种减少过拟合的技术。如果神经网络尝试记住训练数据，而不是从中学习，就会发生过拟合。人类也会产生过拟合。在探讨神经网络意外产生过拟合之前，我们先探讨人类如何遭受过拟合的困扰。

程序员经常参加认证考试，以证明他们在给定编程语言上的能力。为了帮助程序员准备这些考试，测试者通常会提供模拟考试。考虑一个程序员，他开始不停地参加模拟考试：学习更多内容，然后参加认证考试。在某个时候，程序员已经记住了很多模拟考试题，而不是学习解决单个问题所必需的技术。现在程序员已经对模拟考试产生了过拟合。当该程序员参加实际考试时，他的实际分数可能会比他在模拟考试中获得的分数低。

一台计算机也可能过拟合。尽管神经网络在其训练数据上得分很高，但是这个结果并不意味着同一神经网络在训练集以外的数据上得分很高。正则化是可以减少过拟合的技术之一。存在许多不同的正则化技术，它们

大多数的工作方式是分析，并可能修改神经网络在训练时的权重。

12.1 L1 和 L2 正则化

L1 和 L2 正则化是两种常见的正则化技术（或称算法），可以减少过拟合的影响[①]。这两种算法都可以与一个目标函数一起使用，也可以作为反向传播算法的一部分。在这两种情况下，通过添加另一个目标函数，正则化算法将附加到训练算法中。

这两种算法都通过在神经网络训练中增加权重罚分来起作用。这种罚分鼓励神经网络将权重保持在较小的值。L1 和 L2 以不同方式计算这种罚分。对于基于梯度下降的算法（如反向传播），你可以将这种罚分计算添加到计算出的梯度中。对于基于目标函数的训练（如模拟退火），罚分与目标得分相反。

L1 和 L2 的不同之处在于它们对权重大小的罚分方式。L1 迫使权重变为类似于拉普拉斯分布的模式，L2 迫使权重变为类似于高斯分布的模式，如图 12-1 所示。

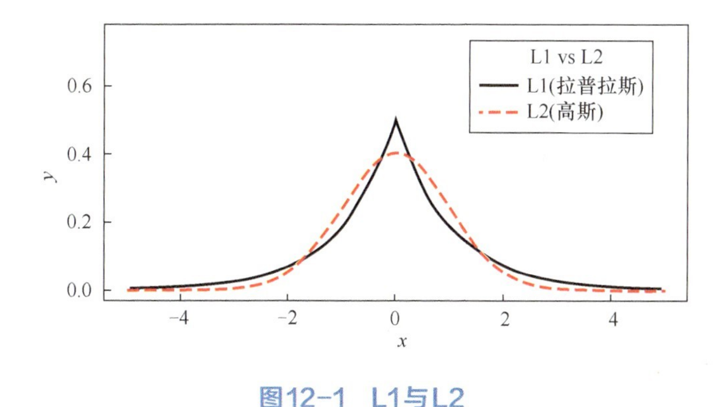

图12-1 L1与L2

① Ng，2004。

如你所见，L1 算法对权重的容忍度从 0 开始提高，L2 算法的容忍度则较差。在 12.1.1 和 12.1.2 小节中，我们将重点介绍 L1 和 L2 之间的其他重要区别。你还需要注意，L1 和 L2 都是仅基于权重来计算罚分的，它们不计算偏置的罚分。

12.1.1 理解 L1 正则化

你应该使用 L1 正则化来使神经网络变得稀疏。换言之，L1 算法会将许多权重连接到 0 附近。当权重接近 0 时，程序会将它从神经网络中删除。删除带权重的连接将创建一个稀疏的神经网络。

特征选择是稀疏神经网络的有用的副产品。特征是训练集提供给输入神经元的值。一旦输入神经元的所有权重都达到 0，则神经网络训练会确定该特征是不必要的。如果你的数据集具有大量不需要的输入特征，那么 L1 正则化可以帮助神经网络检测和忽略不必要的特征。

公式 12-1 展示了由 L1 执行的罚分计算：

$$E_1 = \lambda_1 \sum_w |w| \tag{12-1}$$

本质上，程序员必须平衡两个相互竞争的目标。他们必须决定，为神经网络取得低分和正则化权重，哪个价值更大。两种结果都有价值，但是程序员必须选择相对重要性。如果以正则化为主要目标，那么 λ_1 值确定 L1 正则化目标比神经网络的误差更重要。当 λ_1 的值为 0 时，表示完全不考虑 L1 正则化。在这种情况下，较低的神经网络误差更为重要。当 λ_1 的值为 0.5 时，表示 L1 正则化的重要性是误差目标的一半。典型的 L1 值低于 0.1（10%）。

L1 执行的主要计算是计算所有权重的绝对值（如“| |”所示）的总和。偏置不相加。

如果使用的是优化算法（如模拟退火），就可以简单地将公式12-1返回的值组合到得分中。你应该以某种方式将这个值与得分结合起来，以免产生负面影响。如果你试图使得分最小，那么应加上L1的值；同样，如果你试图使得分最大，那么应减去L1的值。

如果将L1正则化与基于梯度下降的训练算法（如反向传播）一起使用，那么需要使用稍有不同的误差项，如公式12-2所示：

$$E_1 = \frac{\lambda_1}{n}\sum_{w}|w| \tag{12-2}$$

公式12-2与公式12-1几乎相同，除了增加了除以 n。n 代表训练集评估的次数。如果有100个训练集元素和3个输出神经元，那么 n 为300。我们除以这个数字是因为，程序对这100个元素中的每个元素都有3个值进行评估且程序在每次训练评估时都会应用公式12-2。这个特性与公式12-1形成对比，公式12-1在每次训练迭代中只会应用一次。

要使用公式12-2，我们需要取相对权重的偏导数。公式12-3展示了公式12-2的偏导数：

$$\frac{\partial}{\partial w}E_1 = \frac{\lambda_1}{n}\operatorname{sgn}(w) \tag{12-3}$$

我们将这个值加到由梯度下降算法计算的每个权重梯度上。仅对权重执行这个加法，偏置不变。

12.1.2 理解L2正则化

如果你不太关心创建稀疏网络，而更关心低权重，就应该使用L2正则化。较低的权重通常会减少过拟合。

公式12-4展示了L2执行的罚分计算：

$$E_2 = \lambda_2 \sum_w w^2 \tag{12-4}$$

和 L1 算法类似，λ_2 值决定了 L2 正则化目标与神经网络的误差的相对重要性。典型的 L2 值低于 0.1（10%）。L2 执行的主要计算是所有权重的平方之和，偏置不相加。

如果使用的是优化算法（如模拟退火），就可以简单地将公式 12-4 返回的值组合到得分中。你应该以某种方式将这个值与得分结合起来，以免产生负面影响。如果你试图使得分最小，那么应加上 L2 的值；同样，如果你试图使得分最大，那么应减去 L2 的值。

如果将 L2 正则化与基于梯度下降的训练算法（如反向传播）一起使用，那么需要使用稍有不同的误差项，如公式 12-5 所示：

$$E_2 = \frac{\lambda_2}{n} \sum_w w^2 \tag{12-5}$$

公式 12-5 与公式 12-4 几乎相同，只是不同于 L1，我们采用权重的平方。要使用公式 12-5，我们需要取相对权重的偏导数。公式 12-6 展示了公式 12-5 的偏导数：

$$\frac{\partial}{\partial w} E_2 = \frac{\lambda_2}{n} w \tag{12-6}$$

我们将这个值加到由梯度下降算法计算的每个权重梯度上。仅对权重执行这个加法，偏置不变。

12.2 Dropout

Hinton、Srivastava、Krizhevsky、Sutskever 和 Salakhutdinov（2012）引入了 Dropout 正则化算法。尽管 Dropout 的工作方式不同于 L1 和 L2，但它实现了相同的目标，即减少过拟合。但是，该算法实

际上是通过（至少暂时）去除神经元和连接来完成任务的。与 L1 和 L2 不同，Dropout 不增加权重罚分，且不直接寻求训练更小的权重。

Dropout 的工作方式，是在部分训练期间，让神经网络的一些隐藏神经元不可用。丢弃部分神经网络，使剩下被训练的部分，即使当丢弃的神经元不存在时，仍能获得良好的成绩。这减少了神经元之间的连接，从而减少了过拟合。

12.2.1 Dropout 层

大多数神经网络框架将 Dropout 实现为单独的层。Dropout 层用作普通的、稠密连接的神经网络层。与其他神经网络层的唯一区别是，在训练过程中，Dropout 层将定期丢弃某些神经元。你可以在常规前馈神经网络上使用 Dropout 层。实际上，它们也可以成为 LeNet-5 神经网络中的层，就像我们在第 10 章“卷积神经网络”中探讨的那样。

Dropout 层的常见超参数如下：

- 神经元计数；
- 激活函数；
- Dropout 概率。

Dropout 层中神经元计数和激活函数超参数的工作方式，与第 10 章“卷积神经网络”提到的稠密层中的相应参数的工作方式完全相同。神经元计数表示指定 Dropout 层中神经元的数量。Dropout 概率表示在训练迭代过程中神经元丢弃的可能性。和对稠密层所做的一样，程序为 Dropout 层指定了激活函数。

12.2.2 实现 Dropout 层

程序将 Dropout 层实现为可以消除其中某些神经元的稠密层。不同于对 Dropout 层的普遍看法，程序不会永久删除这些丢弃的神经元。Dropout 层在训练过程中不会丢弃任何神经元，并且在训练后仍将具有完全相同数量的神经元。通过这种方式，程序仅暂时掩盖了一些神经元，而不是丢弃它们。

图 12-2 展示了如何将 Dropout 层与其他层放置在一起。

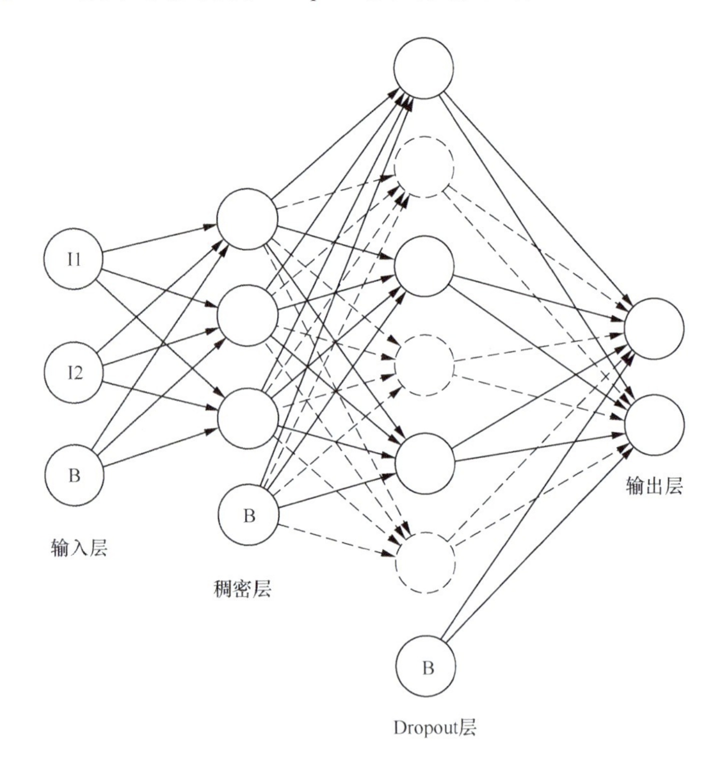

图12-2 Dropout 层与其他层放置在一起

图 12-2 所示的神经网络中，丢弃的神经元及其连接用虚线表示。

输入层有两个输入神经元和一个偏置神经元。第二层是稠密层，有 3 个神经元和一个偏置神经元。第三层是 Dropout 层，有 6 个普通神经元，但程序已丢弃了其中的 50%。当程序删除这些神经元时，它既不计算，也不训练它们。但是，最终的神经网络将使用所有这些神经元作为输出。如前所述，程序仅暂时丢弃一些神经元。

在随后的训练迭代中，程序从 Dropout 层选择不同的神经元集。尽管我们选择了 50% 的 Dropout 概率，但计算机不一定会丢弃 3 个神经元。就像我们为每个候选丢弃神经元掷了一枚硬币，选择该神经元是否丢弃。你必须知道，程序永远不会删除偏置神经元。只有 Dropout 层上的普通神经元可能被选择。

训练算法的实现会影响神经元的丢弃过程。Dropout 设置经常在每个训练迭代或批次中更改一次。程序还可以提供一些间隔迭代，其中所有神经元都存在。一些神经网络框架提供了其他超参数，以允许你准确指定这种间隔的频率。

为什么 Dropout 能够减少过拟合？这是一个常见的问题。答案是，Dropout 可以减少两个神经元之间相互依赖发展的机会。当一个神经元丢弃时，两个产生依赖性的神经元将无法有效运行。因此，神经网络不再依赖于每个神经元的存在，并据此进行训练。这个特征会降低记忆提供给它的信息的能力，从而导致泛化（generalization）。

通过在神经网络上强制一个自助法（bootstrapping）的过程，Dropout 减少了过拟合。自助法是一种很常见的集成学习（ensemble）技术。我们将在第 16 章“用神经网络建模”中更详细地讨论集成学习。集成学习是一种机器学习技术，它结合了多个模型，从而产生比单个模型更好的结果。集成学习是一个源自“音乐合奏”（musical ensemble）的术语。在音乐合奏中，听众最终听到的音乐是许多乐器的组合。

自助法是最简单的集成技术之一。使用自助法的程序员只需训练一些神经网络来执行完全相同的任务。但是，由于存在某些训练技术和神经网络权重初始化中使用的随机数，因此这些神经网络中的每一个的表现都会有所不同。权重差异会导致表现差异。这种神经网络集成的输出就是各个成员加在一起的平均输出。通过不同训练的神经网络的共识，来减少过拟合。

Dropout 的工作原理类似于自助法。你可以认为，丢弃的一组不同神经元构成的神经网络，是集成学习中的不同成员。随着训练的进行，程序将以这种方式创建更多的神经网络，但是，Dropout 不需要与自助法相同的处理量。创建的新神经网络是临时的，它们仅在训练迭代中存在。Dropout 的最终结果也是单个神经网络，而不是要对一组神经网络取平均值。

12.3 使用 Dropout

在本节中，我们将继续使用本书的 MNIST 手写数字数据集。我们在本书的简介中探讨了该数据集，并在几个示例中使用了它。

本节的示例使用训练集来拟合 Dropout 神经网络。程序随后在经过训练的神经网络上评估测试集，以查看结果。神经网络的 Dropout 版本和非 Dropout 版本都有要探讨的结果。

Dropout 神经网络使用以下超参数。

- 激活函数：ReLU。
- 输入层：784（28 × 28）。
- 隐藏层 1：1 000。
- Dropout 层：500 个单元，50%。

- 隐藏层 2：250。
- 输出层：10（因为有 10 个数字）。

我们通过实验选择了上面的超参数。我们将输入神经元的数量取到下一个整数单位，将隐藏层 1 设置为 1 000。接下来的三层每次将这个数量限制为上一层的一半。将 Dropout 层放在两个隐藏层之间，这可以最大程度地降低错误率。我们也尝试了将它放置在隐藏层 1 之前和隐藏层 2 之后。大多数过拟合发生在两个隐藏层之间。

我们将以下超参数用于常规神经网络。这个过程与 Dropout 神经网络基本相同，不同之处在于，额外的隐藏层代替了 Dropout 层。

- 激活函数：ReLU。
- 输入层：784（28×28）。
- 隐藏层 1：1 000。
- 隐藏层 2：500。
- 隐藏层 3：250。
- 输出层：10（因为有 10 个数字）。

结果显示如下：

```
ReLU:
Best valid loss was 0.068229 at epoch 17.
Incorrect 170/10000 (1.7000000000000002%)
ReLU+Dropout:
Best valid loss was 0.065753 at epoch 5.
Incorrect 120/10000 (1.2%)
```

如你所见，Dropout 神经网络实现的错误率比本书前面的纯 ReLU 神经网络更好。通过减少过拟合，Dropout 神经网络获得了更好的得分。你还应该注意到，尽管非 Dropout 神经网络确实获得了更好的训练成绩，但它的测试结果并不理想，这表明存在过拟合。当然，这些

结果具体取决于所使用的平台。

12.4 本章小结

我们介绍了几种可以减少过拟合的正则化技术。当神经网络记住输入和预期输出时，由于程序尚未学会泛化，因此会发生过拟合。许多不同的正则化技术可以使神经网络学习泛化。我们探讨了L1、L2和Dropout。L1和L2的工作方式类似，即对较大的权重施加罚分。这些罚分的目的是降低神经网络的复杂性。Dropout采用一种完全不同的方法，即随机删除各种神经元，并迫使训练继续使用部分神经网络。

L1算法会罚分较大的权重，并迫使许多权重接近0。我们认为要从神经网络中删除包含零值的权重。这种操作产生了一个稀疏的神经网络。如果删除了输入神经元和下一层之间的所有加权连接，就可以假定连接到该输入神经元的特征不重要。特征选择是根据输入特征对神经网络的重要性来选择输入特征的过程。L2算法会罚分较大的权重，但它产生的神经网络不会像L1算法产生的神经网络那样稀疏。

Dropout在专门设计的Dropout层中随机丢弃神经元。从神经网络中删除的神经元并没有像剪枝时那样消失，而是让丢弃的神经元暂时从神经网络中屏蔽。在每次训练迭代期间，丢失的神经元的集合都会发生变化。Dropout会强制神经网络在神经元被移除后继续运行。这使得神经网络难以记忆和过拟合。

到目前为止，我们在本书中仅探讨了前馈神经网络。在这种类型的神经网络中，连接只是从输入层前进到隐藏层，最后到输出层。递归神经网络允许向后连接到先前的层。我们将在第13章分析这种类型的神经网络。

此外，我们聚焦使用神经网络识别模式。我们还可以教神经网络预测未来的趋势。为神经网络提供一系列基于时间的值，可以使它能够预测后续值。在第 13 章中，我们还会演示预测神经网络。我们将这种类型的神经网络称为时间神经网络。循环神经网络通常可以进行时间预测。

第13章 时间序列和循环神经网络

本章要点：

- 时间序列；
- 埃尔曼神经网络；
- 若当神经网络；
- 深度循环神经网络。

本章将探讨时间序列编码和循环神经网络。这两个主题从逻辑上来讲适合放在一起，因为它们都用于处理随时间变化的数据。时间序列编码用于表示随时间推移，神经网络产生的数据。有许多不同的方法来编码神经网络产生的数据。这种编码是必需的，因为前馈神经网络对给定的输入向量将始终产生相同的输出向量。循环神经网络不需要对时间序列数据进行编码，因为它们能够自动处理随时间变化的数据。

一周中温度的变化是时间序列数据的一个例子。如果我们知道今天的温度是25摄氏度，明天的温度是27摄氏度，那么循环神经网络和时间序列编码提供了另一种选择来预测一周中的正确温度。相反，对于给定的输入，传统的前馈神经网络将始终以相同的输出进行响应。如果前馈神经网络经过训练可以预测明天的温度，那么它对25

的响应应该为27。即当给出25时，它会始终输出27，这一事实可能会妨碍它进行预测。当然，27摄氏度的温度不会总是跟随着25摄氏度。神经网络最好考虑到要预测的这一天的前几天的温度，也许上周的气温能帮助我们更准确地预测明天的温度。因此，循环神经网络和时间序列编码代表两种不同的方法，来解决随时间推移表示神经网络数据的问题。

到目前为止，我们研究过的神经网络始终具有前向连接。输入层始终连接到第一个隐藏层，每个隐藏层始终连接到下一个隐藏层，最终的隐藏层始终连接到输出层。这种连接层的方式是将这些神经网络称为“前馈”的原因。循环神经网络没有那么严格，因为其允许反向连接。循环连接将一层中的神经元连接到上一层或神经元本身。大多数循环神经网络架构都在循环连接中保持状态。前馈神经网络不保持任何状态。循环神经网络的状态充当了神经网络的一种短期记忆，因此，循环神经网络对于给定的输入将不会总是产生相同的输出。

13.1 时间序列编码

正如我们在前几章中所看到的，神经网络特别擅长识别模式，这有助于它们预测数据的未来模式。我们将预测未来模式的神经网络称为预测性或时间性神经网络。这些预测性神经网络可以预测未来的事件，如股票市场趋势和太阳黑子周期。

许多不同类型的神经网络都可以预测未来模式。在本节中，前馈神经网络将尝试学习数据中的模式，以便能够预测将来的值。和应用于神经网络的所有问题一样，预测是聪明地确定如何针对一个问题，来配置输入，并解释输出神经元的问题。因为本书中前馈神经网络的类型对于给定的输入始终会产生相同的输出，所以我们需要确保对输

入进行正确的编码。

存在多种方法可以为神经网络编码时间序列数据。滑动窗口算法是最简单和最受欢迎的编码算法之一。但是，更复杂的算法需要考虑以下因素：

- 权重旧值不如新值重要；
- 随时间平滑 / 平均；
- 其他领域特定的（如财务）指标。

我们将重点介绍采用时间序列的滑动窗口算法的编码方法。滑动窗口算法的工作方式，是将数据分为代表过去和未来的两个窗口。你必须指定两个窗口的大小。如果要用股票的每日收盘价来预测将来的价格，就必须确定要检查多久的过去和预测多久的将来。你可能希望使用最近 5 个收盘价来预测未来两天的收盘价，在这种情况下，你将拥有一个包含 5 个输入神经元和两个输出神经元的神经网络。

13.1.1 为输入和输出神经元编码数据

考虑一个简单的数字序列，如下所示：

```
1, 2, 3, 4, 3, 2, 1, 2, 3, 4, 3, 2, 1
```

通过该序列预测数字的神经网络可能会使用 3 个输入神经元和一个输出神经元。以下训练集的预测窗口大小为 1，过去窗口大小为 3：

```
[1,2,3] -> [4]
[2,3,4] -> [3]
[3,4,3] -> [2]
[4,3,2] -> [1]
```

如你所见，神经网络准备按顺序接收几个数据样本。然后，输出

神经元将预测序列会如何继续。设想你现在可以输入由 3 个数字组成的任何序列，神经网络将预测第 4 个数字。每个数据点称为一个时间片，因此，每个输入神经元代表一个已知的时间片，输出的神经元代表未来的时间片。

神经网络还可以预测未来的多个值。以下训练集的预测窗口大小为 2，过去窗口大小为 3：

```
[1,2,3] -> [4,3]
[2,3,4] -> [3,2]
[3,4,3] -> [2,1]
[4,3,2] -> [1,2]
```

前面两个示例只有一个数据流。也可以使用多个数据流进行预测。如你可以使用股票价格及其成交量来预测其未来价格。考虑以下两个数据流：

```
流 #1: 1, 2, 3, 4, 3, 2, 1, 2, 3, 4, 3, 2, 1
流 #2: 10, 20, 30, 40, 30, 20, 10, 20, 30, 40, 30, 20, 10
```

你可以使用流 #1 和流 #2 预测流 #1。你只需要在流 #1 的值旁边添加流 #2 的值，训练集就可以执行这种计算。以下训练集的预测窗口大小为 1，过去窗口大小为 3：

```
[1,10,2,20,3,30] -> [4]
[2,20,3,30,4,40] -> [3]
[3,30,4,40,3,30] -> [2]
[4,40,3,30,2,20] -> [1]
```

同样的技术适用于任意数量的流。在这种情况下，流 #1 帮助预测自己。如你可以用 IBM 和 Apple 的股价来预测 Microsoft 的股价。该技术使用 3 个流。我们预测的流不必在提供数据以形成预测的流之中。

13.1.2 预测正弦波

本小节中的示例相对简单，我们展示了一个预测正弦波的神经网络。这从数学上讲是可以预测的，且程序员可以轻松理解正弦波，以及它随时间的变化。这些性质使它成为预测神经网络的很好的示例。

通过绘制三角正弦函数可以看到正弦波。图 13-1 展示了正弦波。

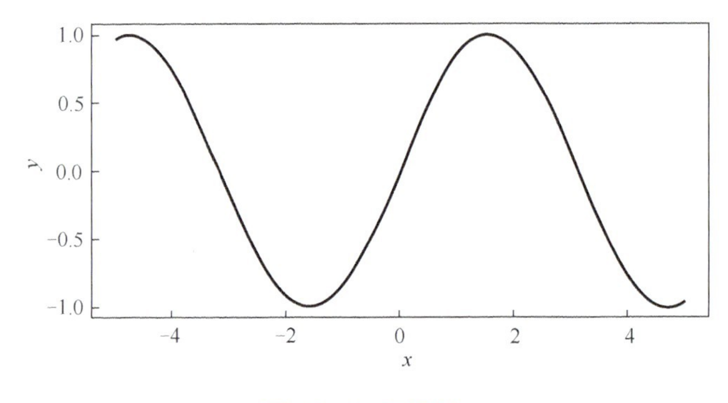

图13-1 正弦波

使用三角正弦函数训练神经网络时，反向传播将调整权重来模拟正弦波。首次运行正弦波示例时，你将看到训练过程的输出。正弦波预测器训练过程的典型输出如下：

```
Iteration #1 Error:0.48120350975475823
Iteration #2 Error:0.36753445768855236
Iteration #3 Error:0.3212066601426759
Iteration #4 Error:0.2952410514715732
Iteration #5 Error:0.2780102928778258
Iteration #6 Error:0.26556861969786527
Iteration #7 Error:0.25605359706505776
Iteration #8 Error:0.24842242500053566
Iteration #9 Error:0.24204767544134156
Iteration #10 Error:0.23653845782593882
...
Iteration #4990 Error:0.02319397662897425
```

```
Iteration #4991 Error:0.02319310934886356
Iteration #4992 Error:0.023192242246688515
Iteration #4993 Error:0.02319137532183077
Iteration #4994 Error:0.023190508573672858
Iteration #4995 Error:0.02318964200159761
Iteration #4996 Error:0.02318877560498862
Iteration #4997 Error:0.02318790938322986
Iteration #4998 Error:0.023187043335705867
Iteration #4999 Error:0.023186177461801745
```

最初，错误率很高，为 48%。到第二次迭代时，错误率迅速下降到 36.7%。到第 4 999 次迭代时，错误率已降至 2.3%。该程序设计为在第 5 000 次迭代之前停止，这成功地将错误率降低到小于 0.03。

更多的训练迭代将产生更低的错误率，但是，通过限制迭代次数，能让程序在几分钟内在普通计算机上完成。在 Intel i7 计算机上执行该程序大约需要两分钟。

训练完成后，将正弦波提供给神经网络进行预测。下面可以看到这种预测的输出：

```
5:Actual=0.76604:Predicted=0.7892166200864351:Difference=2.32%
6:Actual=0.86602:Predicted=0.8839210963512845:Difference=1.79%
7:Actual=0.93969:Predicted=0.934526031234053:Difference=0.52%
8:Actual=0.9848:Predicted=0.9559577688326862:Difference=2.88%
9:Actual=1.0:Predicted=0.9615566601973113:Difference=3.84%
10:Actual=0.9848:Predicted=0.9558060932656686:Difference=2.90%
11:Actual=0.93969:Predicted=0.9354447787244102:Difference=0.42%
12:Actual=0.86602:Predicted=0.8894014978439005:Difference=2.34%
13:Actual=0.76604:Predicted=0.801342405700056:Difference=3.53%
```

```
    14:Actual=0.64278:Predicted=0.6633506809125252:Difference=
2.06%
    15:Actual=0.49999:Predicted=0.4910483600917853:Difference=
0.89%
    16:Actual=0.34202:Predicted=0.31286152780645105:Difference=
2.92%
    17:Actual=0.17364:Predicted=0.14608325263568134:Difference=
2.76%
    18:Actual=0.0:Predicted=-0.008360016796238434:Difference=
0.84%
    19:Actual=-0.17364:Predicted=-0.15575381460132823:Difference=
1.79%
    20:Actual=-0.34202:Predicted=-0.3021775158559559:Difference=
3.98%
    ...
    490:Actual=-0.64278:Predicted=-0.6515076637590029:Difference=
0.87%
    491:Actual=-0.76604:Predicted=-0.8133333939237001:Difference=
4.73%
    492:Actual=-0.86602:Predicted=-0.9076496572125671:Difference=
4.16%
    493:Actual=-0.93969:Predicted=-0.9492579517460149:Difference=
0.96%
    494:Actual=-0.9848:Predicted=-0.9644567437192423:Difference=
2.03%
    495:Actual=-1.0:Predicted=-0.9664801515670861:Difference=
3.35%
    496:Actual=-0.9848:Predicted=-0.9579489752650393:Difference=
2.69%
    497:Actual=-0.93969:Predicted=-0.9340105440194074:Difference=
0.57%
    498:Actual=-0.86602:Predicted=-0.8829925066754494:Difference=
1.70%
    499:Actual=-0.76604:Predicted=-0.7913823031308845:Difference=
2.53%
```

如你所见，我们提供了每个元素的实际值和预测值。我们针对前250个元素训练了神经网络，但是，神经网络能够预测超过前250个元素的值。你还会注意到，实际值和预测值之间的差异很少超过3%。

滑动窗口不是编码时间序列的唯一方法。其他时间序列编码方法对于特定领域可能非常有用。如存在许多技术指标，可帮助我们找到股票、债券和货币对等证券价值的模式。

13.2 简单循环神经网络

循环神经网络不会强迫连接只从一层流到下一层，从输入层流到输出层。当神经元和以下类型的神经元之一形成连接时，就出现了循环连接：

- 该神经元本身；
- 同一级的神经元；
- 上一级的神经元。

循环连接的目标永远不能是输入神经元或偏置神经元。

循环连接的处理可能有挑战性。由于循环连接会产生无限循环，因此神经网络必须通过某种方式知道何时停止。进入无限循环的神经网络不会有用。为了防止无限循环，我们可以使用以下 3 种方法来计算循环连接：

- 上下文神经元；
- 计算固定迭代次数的输出；
- 计算输出，直到神经元输出稳定为止。

使用上下文神经元的神经网络，我们称之为 SRN。上下文神经元是一种特殊的神经元，它会记住其输入，并在下次我们计算神经网络时，将该输入作为其输出。如果我们向上下文神经元提供 0.5 作为输入，它将输出 0。上下文神经元在第一次调用时始终输出 0，但是，如果我们向上下文神经元提供输入 0.6，那么输出将是 0.5。我们从不对上下文神经元的输入连接加权重，但可以和对神经网络中的任何其

他连接一样，对上下文神经元的输出连接加权重。图 13-2 展示了典型的上下文神经元。

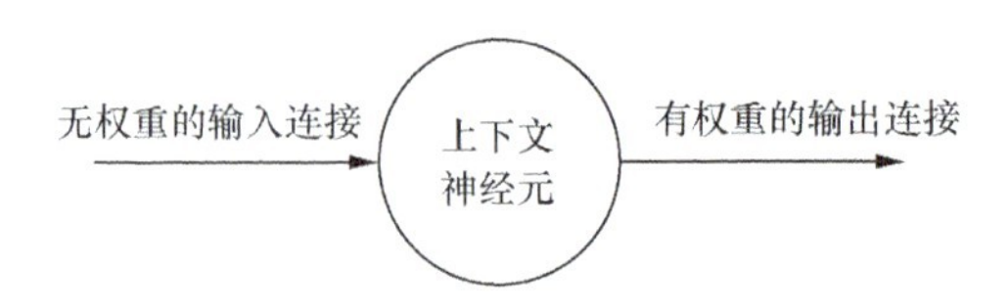

图13-2　上下文神经元

上下文神经元允许我们在单次前馈过程中计算神经网络。上下文神经元通常分层出现。如图 13-3 所示，上下文层中的神经元数量总是与其源层中的神经元数量相同。

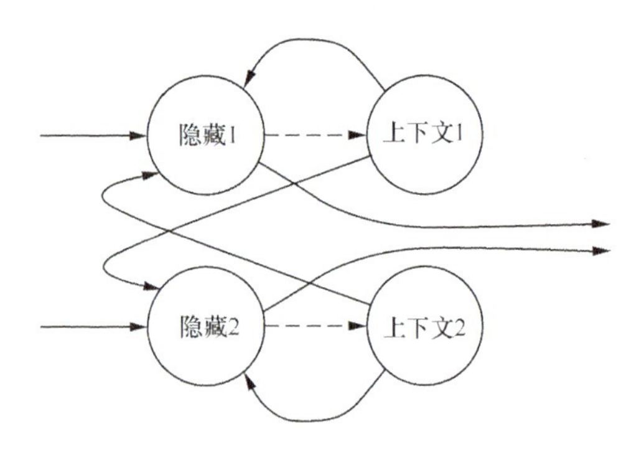

图13-3　上下文层

从图 13-3 所示的层中可以看到，标记为“隐藏 1”和“隐藏 2”的两个隐藏神经元直接连接到两个上下文神经元。这些连接上的虚线表示它们不是加权连接。这些无权重的连接永远不会是稠密的。如果这些连接是稠密的，则“隐藏 1”将同时连接到“上下文 1”和“上下文 2”。但是，直接连接只是将每个隐藏神经元连接到其对应的上下文神经元。两个上下文神经元与两个隐藏神经元形成稠密的加权连接。最后，两个隐藏神经元还与下一层的神经元形成稠密的连接。这两个上下文神经元将在下一层中形成到单个神经元的两个连接，到两个神经元的 4 个连接，到 3 个神经元的 6 个连接，依此类推。

你可以通过许多不同的方式，将上下文神经元与神经网络的输入层、隐藏层和输出层组合在一起。在接下来的 13.2.1 和 13.2.2 小节中，我们将探讨两种常见的 SRN 架构。

13.2.1 埃尔曼神经网络

1990 年，Elman 引入了一种神经网络，可以为时间序列提供模式识别。对于用来预测的每个数据流，这种神经网络类型都有一个输入神经元，你尝试预测的每个时间片都有一个输出神经元。单个隐藏层位于输入层和输出层之间。上下文层中的神经元从隐藏层输出中获取其输入，然后反馈到同一隐藏层中。因此，上下文层始终具有与隐藏层相同数量的神经元，如图 13-4 所示。

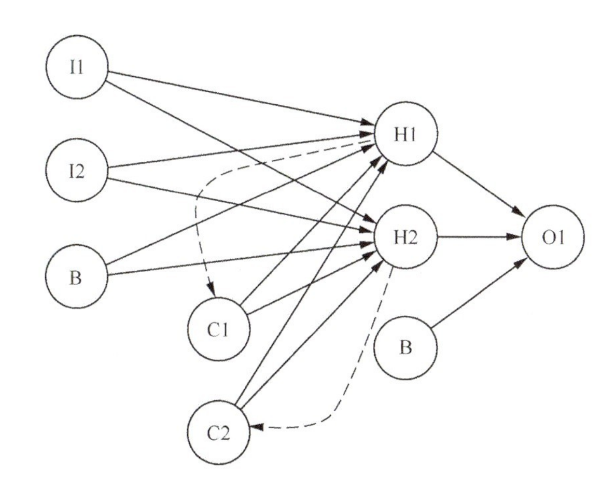

图13-4 埃尔曼SRN

埃尔曼神经网络是 SRN 的良好通用架构。你可以将任意数量的输入神经元与任意数量的输出神经元配对，并使用正常加权连接，即两个上下文神经元与两个隐藏神经元完全连接。两个上下文神经元从

两个无权重连接（虚线）接收它们的状态，这两个连接分别来自两个隐藏神经元。

13.2.2 若当神经网络

1993年，Jordan引入了神经网络来控制电子系统。这种风格的SRN类似于埃尔曼神经网络。但是，上下文神经元的输入来自输出层，而不是隐藏层。我们也将若当神经网络中的上下文单元称为状态层。它们之间有一个循环连接，该连接上没有其他节点，如图13-5所示。

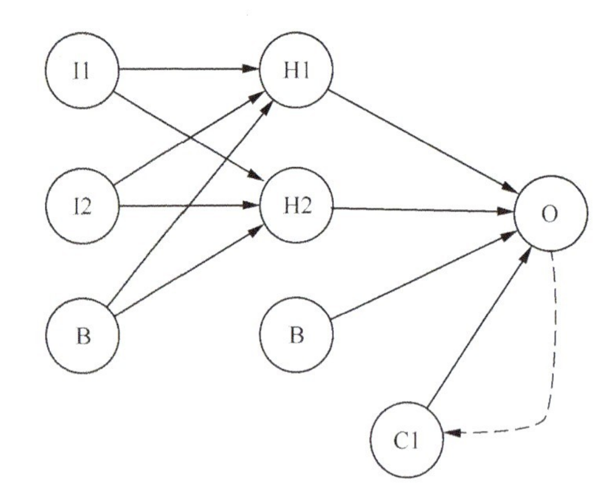

图13-5 若当SRN

若当神经网络需要相同数量的上下文神经元和输出神经元。因此，如果我们有一个输出神经元，那么若当神经网络将只有一个上下文神经元，这时这种相同数量可能会产生问题，因为你只有一个单一上下文（single-context）神经元。

埃尔曼神经网络比若当神经网络适用的问题更广泛，因为较大的隐藏层创建了更多的上下文神经元。由于它抓住了先前迭代中隐藏层的状态，因此，埃尔曼神经网络可以记住更复杂的模式。由于隐藏层代表特征检测器的第一行，因此该状态永远不会是双极性的（bipolar）。

此外，如果我们增加隐藏层的大小以解决更复杂的问题，那么还会通过埃尔曼神经网络获得更多的上下文神经元。若当神经网络无法产生这种效果。要使用若当神经网络创建更多上下文神经元，我们必须添加更多输出神经元，但我们不能在不更改问题定义的情况下添加输出神经元。

何时使用若当神经网络是一个常见问题。程序员最初为机器人研究开发了这种神经网络。专为机器人技术设计的神经网络通常将输入神经元连接到传感器，将输出神经元连接到执行器（通常是电动机）。由于每个电动机都有自己的输出神经元，因此与预测单个值的回归神经网络相比，机器人的神经网络通常具有更多的输出神经元。

13.2.3 通过时间的反向传播

你可以使用多种方法训练 SRN。由于 SRN 是神经网络，因此你可以使用任何优化算法来训练它的权重，如模拟退火、粒子群优化、Nelder-Mead 或其他算法。常规的基于反向传播的算法也可以训练 SRN。Mozer（1995）、Robinson 和 Fallside（1987），以及 Werbos（1988）各自发明了专门为 SRN 设计的算法。程序员称这个算法为通过时间的反向传播（Back Propagation Through Time，BPTT）。Sjoberg、Zhang、Ljung 等（1995）确定，与常规优化算法（如模拟退火）相比，通过时间的反向传播可提供出色的训练表现。与标准反向传播相比，通过时间的反向传播对局部最小值的敏感度更高。

通过时间的反向传播的工作方式，是将 SRN 展开为常规的神经网络。为了展开 SRN，我们构建了一个神经网络，该神经网络表明我们希望回到多久的过去。我们从构建的神经网络开始，该神经网络包含当前时间的输入，称为 t。接下来，我们根据上下文神经元的输入，用构建的神经网络替换上下文层。我们继续操作，达到所需的时间片数量，并将最终的上下文神经元替换为 0。图 13-6 展示了两个时间片。

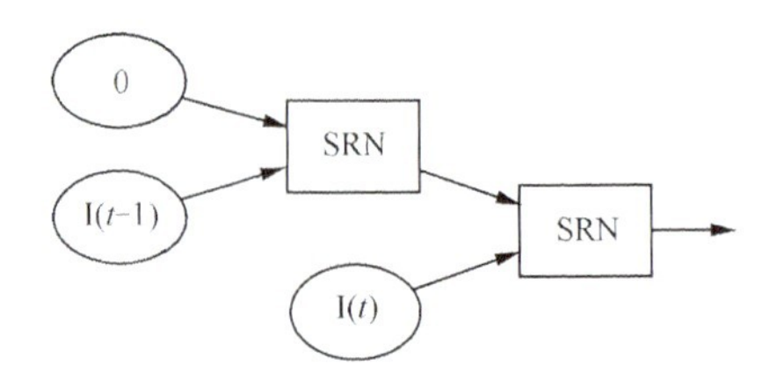

图13-6　展开为两个时间片

这种展开可以继续深入。图 13-7 展示了 3 个时间片。

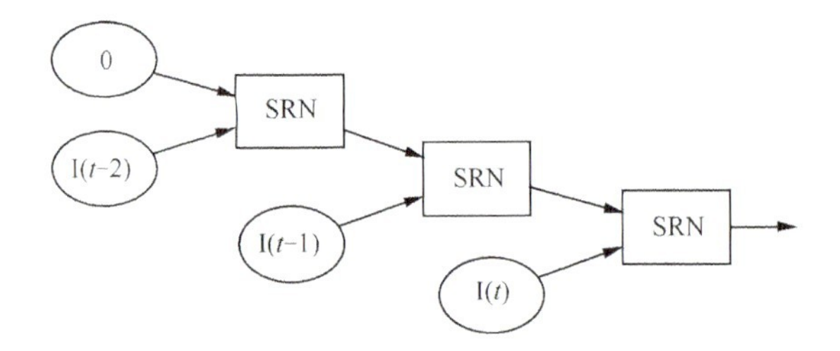

图13-7　展开为3个时间片

你可以将这个抽象概念应用于实际的 SRN。图 13-8 展示了具有两个输入层、两个隐藏层、一个输出层的埃尔曼神经网络，展开为两个时间片。

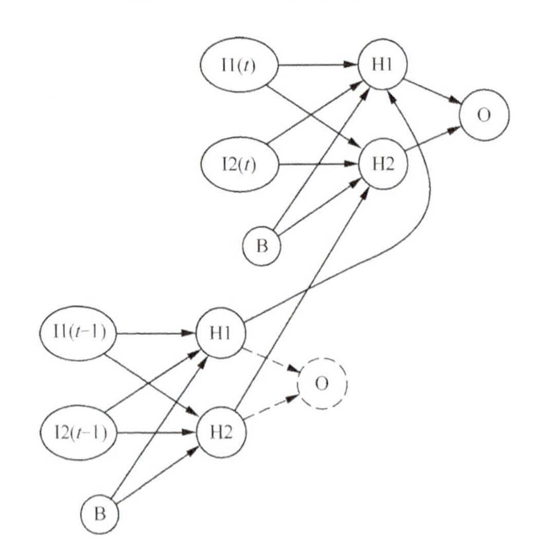

图13-8　埃尔曼神经网络展开为两个时间片

如你所见，有 t（当前时间）和 t-1（过去一个时间片）的输入。底部神经网络停在隐藏神经元处，因为你不需要隐藏神经元以外的所有内容来计算上下文输入。底部神经网络结构成为顶部神经网络结构的上下文。当然，底部神经网络结构也可以有与其隐藏神经元相连的上下文。但是，由于上面的输出神经元对上下文没有帮助，因此只有顶部神经网络结构（当前时间）才有一个上下文。

也可以展开若当神经网络。图 13-9 展示了具有两个输入层、两个隐藏层、一个输出层的若当神经网络，展开为两个时间片。

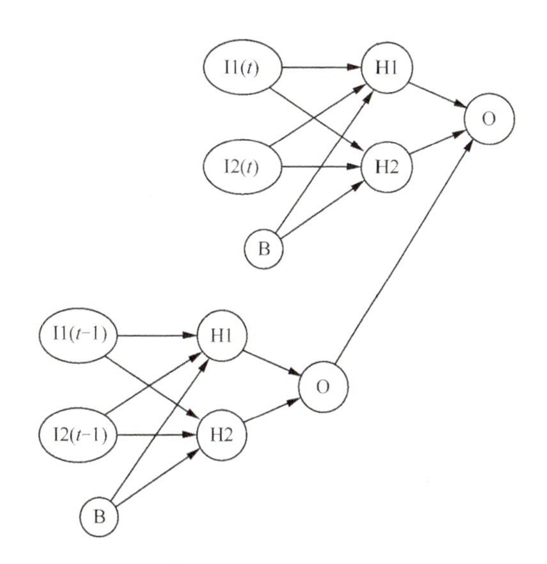

图13-9　若当神经网络展开为两个时间片

与埃尔曼神经网络不同，你必须计算整个若当神经网络才能确定上下文。我们可以一直计算到输出神经元的前一个时间片（底部神经网络）。

要训练 SRN，我们可以使用常规的反向传播来训练展开的神经网络。在迭代结束时，我们对所有展开部分的权重取平均值，以获得

SRN 的权重。清单 13-1 描述了通过时间的反向传播算法。

清单 13-1 通过时间的反向传播

```
def bptt(a, y)
# a[t] is the input at time t. y[t] is the output
   .. unfold the network to contain k instances of f
   .. see above figure..
   while stopping criteria no met:
# x is the current context
     x = []
     for t from 0 to n - 1:
# t is time. n is the length of the training sequence
     .. set the network inputs to x, a[t], a[t+1], ..., a[t+k-1]
     p = .. forward-propagation of the inputs
         .. over the whole unfolded network
# error = target - prediction
     e = y[t+k] - p
     .. Back-propagate the error, e, back across
     .. the whole unfolded network

     .. Update all the weights in the network
     .. Average the weights in each instance of f together,
     .. so that each f is identical
# compute the context for the next time-step
     x = f(x)
```

13.2.4 门控循环单元

尽管循环神经网络从未像常规前馈神经网络那样流行，但针对它的研究仍在积极继续。Chung、Hyun 和 Bengio（2014）引入了门控循环单元（Gated Recurrent Unit，GRU），目的是通过解决循环神经网络的某些固有局限性，使循环神经网络与深度神经网络协同工作。GRU 是神经元，其作用与本章前面看到的上下文神经元相似。

正如 Chung、Hyun 和 Bengio（2015）所展示的那样，训练循环神经网络捕捉长期依赖关系很困难，因为梯度要么趋于消失（大部分时间），要么趋于爆炸（很少，但会产生严重影响）。

截至 2015 年本书（英文版）发布时，GRU 引入不到一年。由于 GRU 处于研究的前沿，目前大多数主要的神经网络框架都不包括它们。如果你想试验 GRU，基于 Python Theano 的框架 Keras 包含它们。你可以在 GitHub 找到 Keras 框架。

尽管我们通常使用 Lasagne，但 Keras 是许多基于 Theano 的 Python 框架之一，它也是最早支持 GRU 的框架之一。本节包含对 GRU 的简要描述，我们将根据需要更新本书的示例，以支持该技术。请参阅本书的示例代码，以获取有关 GRU 示例可用性的最新信息。

GRU 使用两个门来克服这些限制，如图 13-10 所示。

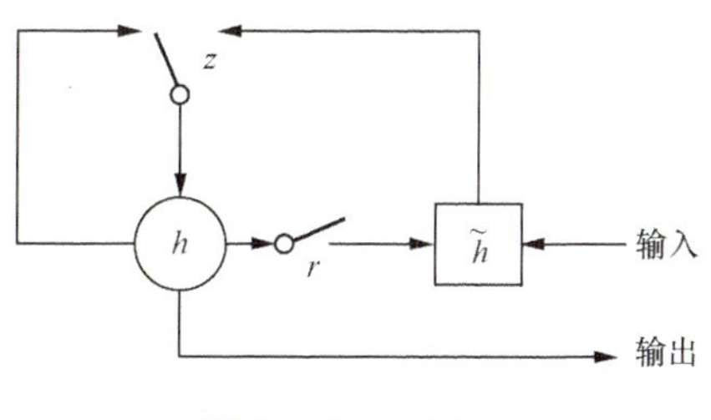

图13-10　GRU

这两个门分别表示为 z（更新门）和 r（重置门）。值 h 和 $\tilde{h}$ 表示激活（输出）和候选激活。重要的是要注意，开关指定了范围，而不是简单地打开或关闭。

GRU 与传统循环神经网络之间的主要区别在于，整个上下文值不会像在 SRN 中那样每次迭代时都更改其值，而由更新门控制对发生的上下文激活的更新程度。此外，程序还提供了一个重置门，可以重置上下文。

13.3 本章小结

本章介绍了几种使用神经网络处理时间序列数据的方法。如果提供相同的输入，前馈神经网络会产生相同的输出。因此，前馈神经网络被认为是确定性的。在给定一系列输入的情况下，这种性质使前馈神经网络无法产生输出。如果你的应用程序必须提供基于一系列输入的输出，那么有两种选择。你可以将时间序列编码为输入特征向量，也可以使用循环神经网络。

对时间序列数据进行编码是一种在特征向量中捕获时间序列信息的方法，该特征向量被馈送到前馈神经网络。对时间序列数据进行编码有许多方法。我们重点介绍了滑动窗口算法。这个算法指定了两个窗口：第一个窗口确定了多久的过去用于预测，第二个窗口确定了多久的未来需要预测。

循环神经网络是处理时间序列数据的另一种方法。循环神经网络不需要编码，因为它能够记住神经网络的先前输入。这种短期记忆使神经网络能够及时看到模式。SRN 使用上下文神经元来记住先前计算中的状态。我们探讨了埃尔曼 SRN 和若当 SRN。此外，我们引入了一种非常新的神经元，称为 GRU。这种神经元不会像埃尔曼神经网络和若当神经网络那样立即更新其上下文值。而由两个门控制其更新程度。

超参数定义了神经网络的结构，并最终决定了它对特定问题的有效性。在本书的前几章中，我们介绍了超参数，如隐藏层和神经元计数、激活函数，以及神经网络的其他控制属性。确定正确的超参数集通常是一项反复试错的艰巨任务。但是，某些自动化过程可以让这个过程更容易。此外，一些经验法则有助于构建这些神经网络。在第14章中，我们将介绍这些方面的内容和自动化过程。

第14章 构建神经网络

本章要点：

- 超参数；
- 学习率和动量；
- 隐藏结构；
- 激活函数。

如前几章所述，超参数指神经网络等模型中的众多需要设置的参数。激活函数、隐藏的神经元计数、层结构、卷积、最大池化和Dropout都是神经网络超参数的例子。找到最佳的超参数集似乎是一项艰巨的任务，而且，对AI程序员来说，这确实是最耗时的任务之一。但是不用担心，本章将为你提供有关神经网络架构的最新研究的摘要。我们也会展示如何进行实验，以帮助你确定适合自己神经网络的最佳架构。

我们将通过两种方式提出架构建议。第一种方式，我们会报告AI领域的科学文献的建议。这些建议包括引文，以便你查看原始论文。但是，我们会努力以一种通俗易懂的方式介绍论文的关键概念。第二种方式，我们将通过实验，运行几种竞争的架构，并报告结果。

要记住，一些明确而固定的规则，并不能决定每个项目的最佳架构。每个数据集都是不同的，每个数据集的最佳神经网络也是不同

的。因此，你必须进行一些试验，以确定适合你的神经网络架构。

14.1 评估神经网络

评估神经网络从随机权重开始。另外，一些训练算法也使用随机值。综合考虑，为了进行比较，我们正在面对大量的随机问题。随机数种子是解决这个问题的常见方法。但是，假设我们正在评估具有不同神经元数量的神经网络，那么一样的种子也不能保证对等的比较。

让我们将一个具有 32 个连接的神经网络与另一个具有 64 个连接的神经网络进行比较。尽管种子保证了前 32 个连接保持相同的值，但现在有 32 个多出来的连接将具有新的随机值。此外，如果仅在两个初始权重集之间保留随机种子，那么第一个神经网络中的 32 个权重可能不在第二个神经网络中的相同位置。

为了比较架构，我们必须执行几次训练并平均最终结果。由于这些额外的训练运行会增加程序的总运行时间，因此过多的运行很快变得不切实际。选择确定性的训练算法（不使用随机数的训练算法）也可能是有益的。我们在本章中进行的实验将使用 5 次训练运行和 RPROP 训练算法。RPROP 是确定性的，5 次训练运行是随意选择的，这可以提供合理的一致性。使用第 4 章“前馈神经网络”中介绍的 Xavier 权重初始化算法，也有助于提供一致的结果。

14.2 训练参数

训练算法本身有一些参数必须调整。我们不会将与训练相关的参数视为超参数，因为在训练了神经网络后，这些参数并不明显。你可以检查训练好的神经网络，轻松确定存在哪些超参数。对神经网络进行简单检查，即可发现所使用的神经元数量和激活函数，但是，无法确定训练参数，如学习率和动量。训练参数和超参数都极大地影响了神经网络能够取得的错误率。但是，我们只能在实际训练期间使用训练参数。

下面列出了神经网络的 3 个最常见的训练参数：

- 学习率；
- 动量；
- 批次大小。

并非所有的学习算法都有这些参数。此外，随着学习的进展，你可以更改为这些参数选择的值。我们将在后续小节中讨论这些训练参数。

14.2.1 学习率

学习率让我们能够确定每次训练迭代让权重值走多远。单峰问题很容易解决，如通过提高学习率可以快速得到解。多峰问题则更加困难，快速学习可能会忽略一个好的解。除了程序的运行时间会变长以外，选择较小的学习率没有其他缺点。图 14-1 展示了在简单（单峰）和复杂（多峰）问题上学习率如何变化。

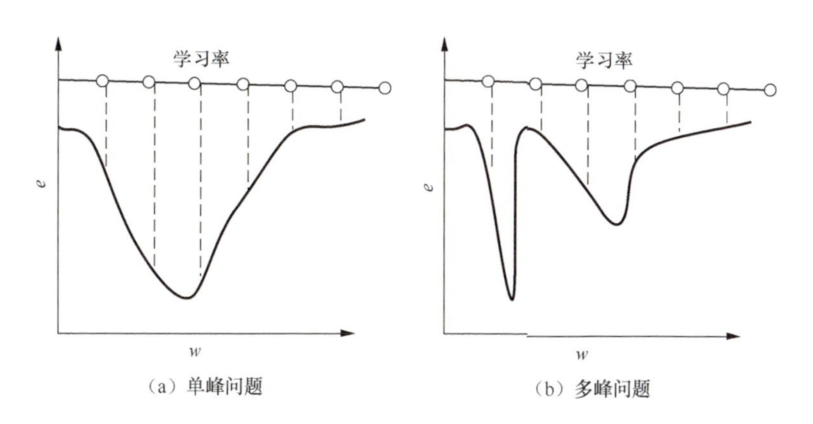

（a）单峰问题　（b）多峰问题

图14-1　学习率

图 14-1 展示了权重和神经网络得分之间的关系。随着程序增加或减少单个权重，得分也会改变。单峰问题通常很容易解决，因为它的图只有一个凹凸，即最优解。在这个例子中，我们认为得分高即意味着错误率低。

多峰问题有许多凹凸，即可能的最优解。如果问题很简单（单峰），则较高的学习率是最佳选择，因为这样你可以将得分提高很多。但是，对于多峰问题，较高的学习率没有好结果，因为该学习率无法找到两个最优解。

Kamiyama、Iijima、Taguchi 等（1992）指出，大多数文献使用的学习率为 0.2，动量为 0.9。通常，这种学习率和动量可以是很好的起点。实际上，许多示例确实使用了这些值。研究人员认为，公式 14-1 很有可能获得更好的结果。

$$\varepsilon = K(1-\alpha) \tag{14-1}$$

其中，变量 α 是动量，ε 是学习率，K 是与隐藏神经元有关的常数。研究表明，动量的调整（在 14.2.2 小节中讨论）和学习率是相关的。我们通过隐藏神经元的数量定义常数 K。较少数量的隐藏神经元应使用较大的 K。在我们自己的实验中，由于难以选择 K 的具体值，因此我们不直接使用该方程。以下计算展示了基于动量和 K 的几种学习率。

```
K=0.500000, alpha=0.200000 -> epsilon=0.400000
K=0.500000, alpha=0.300000 -> epsilon=0.350000
K=0.500000, alpha=0.400000 -> epsilon=0.300000
K=1.000000, alpha=0.200000 -> epsilon=0.800000
K=1.000000, alpha=0.300000 -> epsilon=0.700000
K=1.000000, alpha=0.400000 -> epsilon=0.600000
K=1.500000, alpha=0.200000 -> epsilon=1.200000
K=1.500000, alpha=0.300000 -> epsilon=1.050000
K=1.500000, alpha=0.400000 -> epsilon=0.900000
```

较低的 K 值表示较高的隐藏神经元计数。因此，随着该列表的下移，隐藏的神经元数量会减少。如你所见，对于所有动量 α 为 0.2 的情况，随着隐藏神经元数量的减少，建议的学习率 ε 提高。因此，学习率与动量成反比，即一个增加时，另一个应该减少。隐藏的神经元数量控制着动量和学习率偏离的速度。

14.2.2 动量

动量是一种学习属性，即使梯度指示权重变化应该反向，它也会使权重继续沿其当前方向变化。图 14-2 展示了动量和局部最优的关系。

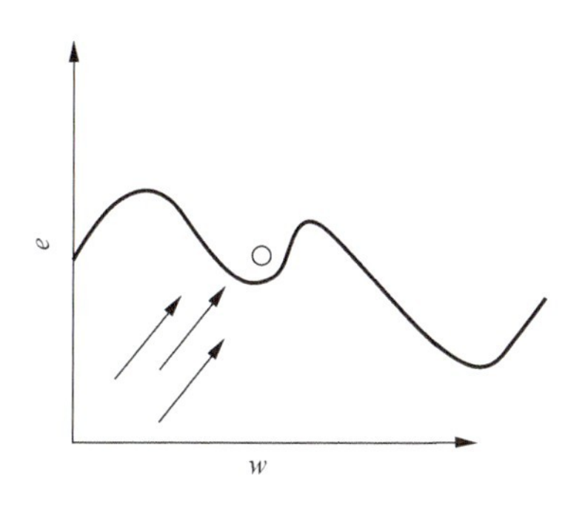

图14-2 动量和局部最优

正梯度促使权重减小。权重曾沿着负梯度“下山”，但现在已落入山谷，即局部最优状态。现在，当达到局部最优状态的另一侧时，梯度将变为 0，而后变为正。动量使权重继续沿该方向变化，并可能从当前山谷中逃逸，找到右侧更低的点。

为了准确地理解学习率和动量的实现方式，请回顾第 6 章“反向传播训练”中的公式 6-12，方便起见，这里再次将它列出，作为公式 14-2：

$$\Delta w_{(t)} = -\varepsilon \frac{\partial E}{\partial w_{(t)}} + \alpha \Delta w_{(t-1)} \tag{14-2}$$

该公式说明了我们如何计算训练迭代 t 的权重变化。这种变化是两个项的总和，两个项分别受学习率 ε 和动量 α 支配。梯度是错误率对权重的偏导数。梯度的符号决定了应该增加还是减小梯度。学习率只是告诉反向传播程序应将这种梯度应用于权重变化的百分比。程序总是将这种更改应用于最初的权重，然后保持它，用于下次迭代。动量 α 随后确定程序应对这次迭代应用的上次迭代的权重变化的百分比。动量允许上次迭代的权重变化一直延续到当前迭代。因此，权重变化保持其方向。这个过程实质上使它具有了“动量”。

Jacobs（1988）发现，随着训练的进行，学习率应该降低。另外，如前所述，Kamiyama 等（1992）判断，随着学习率的下降，动量应该增加。在神经网络训练中，学习率的降低和动量的增加是非常普遍的模式。高学习率使神经网络可以开始探索更大的搜索空间区域。降低学习率会迫使神经网络停止探索，并开始利用搜索空间的更局部的区域。此时，动量增加有助于防止在这个较小的搜索空间区域中出现局部最小值。

14.2.3 批次大小

批次大小指定了在实际更新权重之前必须计算的训练集元素的数量。程序在更新权重之前，对单个批次的所有梯度求和。批次大小为1，表示针对每个训练集元素更新权重。我们将这个过程称为在线训练。程序通常将批次大小设置为完整批次训练的训练集的大小。

一个好的起点是批次大小等于整个训练集的10%。你可以增加或减少批次大小，以查看它对训练效率的影响。通常，神经网络的权重比训练集元素少得多。因此，将批次大小减至原来的一半甚至四分之一，不会对标准反向传播中的迭代运行时间产生太大影响。

14.3 常规超参数

除了刚刚讨论的训练参数外，我们还必须考虑超参数。它们比训练参数重要得多，因为它们决定了神经网络的最终学习能力。学习能力低的神经网络无法通过进一步的训练克服这一缺陷。

14.3.1 激活函数

目前，程序在神经网络内部使用两种主要的激活函数。

- S 型激活函数：Sigmoid 和双曲正切（tanh）。
- 线性激活函数：ReLU。

一直以来，S 型激活函数是神经网络的支柱，但现在它们正让位于 ReLU 激活函数。两种最常见的 S 型激活函数是 Sigmoid 激活函数和双曲正切激活函数。该名称可能会引起混淆，因为 S 型既指实际的一种激活函数，又指一类激活函数。实际的 Sigmoid 激活函数的范围是 0 ~ 1，而双曲正切激活函数的范围是 −1 ~ 1。我们先探讨双曲正切与 Sigmoid 曲线（激活函数）的关系。图 14-3 叠加展示了这两个激活函数。

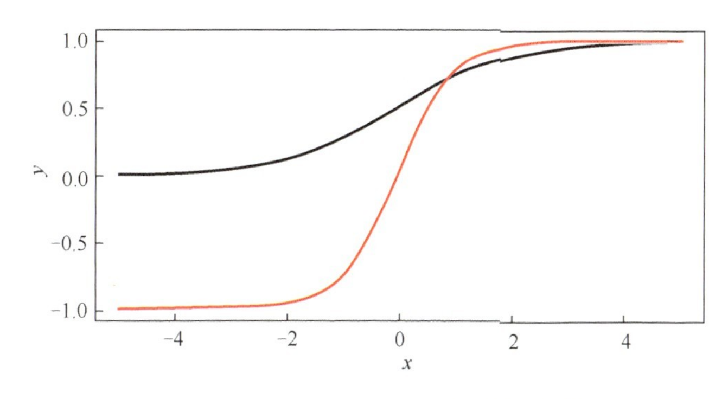

图14-3 Sigmoid和tanh激活函数

从图14-3中可以看出，双曲正切激活函数的伸展范围比Sigmoid激活函数的伸展范围大得多。你对这两个激活函数的选择将影响数据标准化的方式。如果在神经网络的输出层上使用双曲正切激活函数，则必须在−1 ~ 1归一化期望结果。类似地，如果在输出层中使用Sigmoid激活函数，则必须在0 ~ 1归一化期望结果。你应该将这两个激活函数的输入标准化为−1 ~ 1。对于Sigmoid和双曲正切激活函数值，高于+1的x（输入）将饱和到+1（y）。当x低于−1时，Sigmoid激活函数将饱和到0(y)，而双曲正切激活函数会饱和到−1(y)。

Sigmoid激活函数在负方向上饱和到0可能对训练有问题。因此，Kalman和Kwasny（1992）在所有情况下都建议使用双曲正切激活函数而不是Sigmoid激活函数。该建议与许多文献资料一致。但是，该论点仅限于在S型激活函数之间的选择。越来越多的研究表明，在所有情况下，ReLU激活函数均优于S型激活函数。

Zeiler等（2014），Maas、Hannun、Awni和Ng（2013），以及Glorot、Bordes和Bengio（2013）都建议使用ReLU激活函数，而不是S型激活函数。第9章“深度学习”介绍了ReLU激活函数的优点。在本节中，我们将探讨ReLU与Sigmoid激活函数比较的实验，我们使用了具有1 000个神经元的隐藏层的神经网络。我们针对MNIST数据集运行了该神经网络。显然，我们调整了输入和输出神经元的数量以匹配该问题。我们以不同的随机权重，对每个激活函数运行了5次，并记录了最佳结果：

```
Sigmoid:
Best valid loss was 0.068866 at epoch 43.
Incorrect 192/10000 (1.92%)
ReLU:
Best valid loss was 0.068229 at epoch 17.
Incorrect 170/10000 (1.7000000000000002%)
```

以上是上述每个神经网络在一个验证集上的准确率。如你所见，

ReLU 激活函数确实具有最低的错误率，并且在较少的训练迭代 / 时期内就实现了。当然，根据所使用的平台不同，这些结果会有所不同。

14.3.2 隐藏神经元的配置

隐藏神经元的配置已成为常见的问题。神经网络程序员常常想知道，到底如何构建他们的神经网络。在撰写本书时，对 Stack Overflow 的快速扫描显示，有 50 多个与隐藏神经元配置有关的问题。

尽管答案可能有所不同，但大多数答案是建议程序员“试验并找出答案”。根据通用逼近定理，单层神经网络理论上可以学习任何模式[①]。因此，许多研究人员建议仅使用单层神经网络。尽管单层神经网络可以学习任何模式，但通用逼近定理并未说明该过程对神经网络很容易。既然我们拥有训练深度神经网络的有效技术，那么通用逼近定理就不再那么重要了。

要明白隐藏神经元及其数量的影响，我们将针对一层和两层神经网络进行一项实验。我们将尝试两层隐藏神经元的每种组合，神经元数量最多达到 50 个。该神经网络将使用 ReLU 激活函数和 RPROP 算法。在 Intel i7 四核上运行该实验需要 30 多个小时。图 14-4 展示了两层神经网络的热图。

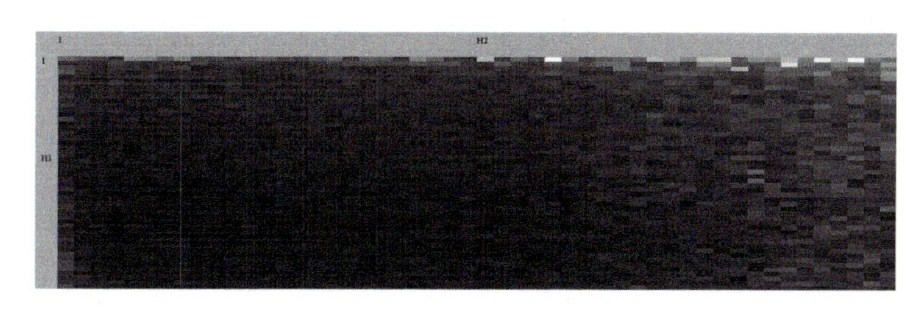

图14-4 两层神经网络的热图（第一个实验）

① Hornik，1991。

实验报告的最佳配置是隐藏层1中有35个神经元，隐藏层2中有15个神经元。重复该实验，得到的结果将有所不同。图14-4在左下角展示了最佳训练的神经网络，如较黑的正块所示。这表明神经网络偏爱较大的隐藏层1和较小的隐藏层2。热图显示了不同配置之间的关系。我们在隐藏层2上使用了较少的神经元，从而获得了更好的结果。发生这种情况是因为神经元计数限制了信息流到输出层。这种方法与对自动编码器的研究一致，在自动编码器中，连续变小的层迫使神经网络对信息进行泛化，而不是过拟合。一般来说，基于这里的实验，我们建议至少使用两个隐藏层，并依次减小这些层。

14.4 LeNet-5 超参数

LeNet-5卷积神经网络引入了附加的层类型，这为神经网络的构建带来了更多选择。卷积层和最大池化层都为超参数带来了其他选择。第10章“卷积神经网络”包含了LeNet-5神经网络引入的超参数的完整列表。在本节中，我们将回顾最近的科学论文中提出的LeNet-5架构建议。

关于LeNet-5神经网络的大多数文献都支持在每个卷积层后紧接最大池层。理想情况下，几个卷积层/最大池层会降低每个步骤的分辨率。第10章“卷积神经网络”包含了这种演示。但是，最近的文献似乎表明根本不应该使用最大池层。

2014年11月7日，Reddit网站邀请了Geoffrey Hinton博士参加“问我任何问题”（Ask Me Anything，AMA）会议。Hinton博士是深度学习和神经网络领域最重要的研究者之一。在AMA会议期间，Hinton博士被问到了最大池层的问题。

总体上，Hinton博士首先回答：“卷积神经网络中使用的池化操

作是一个很大的错误，其运行良好的事实则是一场灾难。”然后，他继续进行技术说明，说明为什么不应该使用最大池化。在本书（英文版）出版时，他的回答是相当新的，而且有争议。因此，我们建议你尝试使用带或不带最大池层的卷积神经网络，因为它们的未来似乎不确定。

14.5 本章小结

对神经网络程序员来说，选择一组好的超参数是最困难的任务之一。隐藏神经元的数量、激活函数和层结构，都是程序员必须调整或微调的神经网络超参数的例子。所有这些超参数都会影响神经网络学习模式的整体能力。因此，你必须正确选择它们。

当前最新文献建议使用 ReLU 激活函数代替 S 型激活函数，因为 ReLU 激活函数与深度神经网络更兼容。如果要使用 S 型激活函数，则大多数文献都建议你使用双曲正切激活函数，而不是 Sigmoid 激活函数。

隐藏层和神经元的数量也是神经网络的重要超参数。通常建议后续的隐藏层包含的神经元数量要少于前一层。这种调整的作用是限制来自输入的数据，并迫使神经网络泛化，而不是记忆。记忆会导致过拟合。

我们不将训练参数视为超参数，因为它们不会影响神经网络的结构。但是，你仍然必须选择适当的训练参数集。学习率和动量是神经网络最常见的两个训练参数。通常，你应该先将学习率设置得较高，然后随着训练的进行而降低学习率。你应该让动量与学习率朝相反方向移动。

在本章中，我们研究了如何构建神经网络。尽管我们提供了一些一般性建议，但数据集通常会影响神经网络的构建。因此，你必须分析数据集。我们将在第 15 章介绍 t-SNE 降维算法。通过该算法，你可以让数据集以图形方式可视化，发现在针对该数据集构建神经网络时发生的问题。

第15章 可视化

本章要点：

- 混淆矩阵；
- PCA；
- t-SNE。

常常有人问我们以下有关神经网络的问题："我已经构建了一个神经网络，但是当我训练它时，错误率永远达不到可接受的水平。我该怎么办？"调查的第一步是确定是否发生以下常见错误：

- 正确的输入和输出神经元数量；
- 数据集正确归一化；
- 神经网络的一些致命设计决策。

显然，你必须具有正确数量的输入神经元，以匹配数据的标准化方式。同样，对于回归问题，你应该有单个输出神经元；对于分类问题，通常应该对每个类别都有一个输出神经元。你应该规范化输入数据，以使其适合你使用的激活函数。类似的致命错误，如没有隐藏层，或学习率为0，可能会造成糟糕的情况。

在排除了所有这些错误后，就必须查看数据。对于分类问题，你的神经网络可能难以区分某些分类。为帮助你解决这个问题，有一些

可视化算法，可让你查看神经网络可能遇到的问题。本章中介绍的两种可视化技术将揭示以下数据问题：

- 容易与其他分类混淆的分类；
- 带噪声的数据；
- 分类之间的差异。

我们将在后续内容中描述每个问题，并提供一些可能的解决方案。通过两种复杂性递增的算法，我们将介绍这些潜在的解决方案。可视化主题不仅对数据分析很重要，也是本书的读者选择的主题，本书通过 Kickstarter 活动获得了最初的资助。本项目最初的 653 个支持者从多个有竞争力的项目主题中选择了可视化。因此，我们将展示两种可视化。这两个示例都将使用本书前面几章研究过的 MNIST 手写数字数据集。

15.1 混淆矩阵

经过 MNIST 数据集训练的神经网络，应该能够根据手写数字预测实际写下的数字。有些数字更容易与其他数字混淆。任何分类神经网络都有可能对数据进行错误分类。混淆矩阵可以衡量这些错误分类。

15.1.1 读取混淆矩阵

混淆矩阵总是表示为正方形网格。行数和列数都将等于问题中的分类数。对于 MNIST 数据集，这是一个 10×10 的网格，如图 15-1 所示。

混淆矩阵使用列来表示预测结果，使用行来表示预期结果。如果查看第 0 行第 0 列，会看到数字 1 432。这个结果意味着神经网络有

1 432 次正确地预测了“0”。如果查看第 3 行第 2 列，你会发现“2”有 49 次预测，而正确结果应该是“3”。发生这样的问题是因为容易将手写的“3”误认为“2”，特别是当笔迹潦草的人写下数字时。混淆矩阵可让你查看哪些数字常常相互混淆。混淆矩阵的另一个重要特征是从 (0,0) 到 (9,9) 的对角线。如果程序正确地训练了神经网络，那么最大的数字应该在对角线上。因此，完美训练的神经网络只会在对角线上有数字。

```
> train.con
          predictions
targets    0    1    2    3    4    5    6    7    8    9
      0 1432    0    3    0    3    2    0    0    0    0
      1    3 1636    3    0    0    2    0    0    0    0
      2   50    1 1378    3   20    8    3    0    0    0
      3   22    1   49 1407    3   31    6    0    2    0
      4    2    0    5    5 1394   20    2    5    0    0
      5    2    0   14   27    5 1235   18    3   22    0
      6    0    0   23    0    7   41 1351    1    8    0
      7    0    0    0   13    6    3    0 1508    8   20
      8    0    0    4    2    2   21    8    2 1361   25
      9    0    0    0    0    0    2    8   26   21 1402
> 
```

图15-1　MNIST 混淆矩阵

15.1.2　创建混淆矩阵

可以按照以下步骤创建混淆矩阵。

- 将数据集分为训练集和验证集。
- 在训练集上训练神经网络。
- 将混淆矩阵设置为全零。
- 循环验证集中的每个元素。
- 对于每个元素，增加对应的矩阵元素：行 = 预期结果，列 = 预测结果。
- 返回混淆矩阵。

清单 15-1 用伪代码展示了这个过程。

清单 15-1 创建混淆矩阵

```
# x - contains dataset inputs
# y - contains dataset expected values (ordinals, not strings)
def confusion_matrix(x,y,network):
# Create square matrix equal to number of classifications
  confusion = matrix( network.num_classes, network.num_classes)
# Loop over every element
  for i from 0 to len(x):
    prediction = net.compute(x[i])
    target = y[i]
    confusion[target][prediction] = confusion[target]
[prediction] + 1
# Return result
  return confusion
```

混淆矩阵是数据分类问题的经典可视化方法之一。你可以将它们用于任何分类问题，而不仅仅是神经网络。

15.2 t-SNE 降维

t 分布随机近邻嵌入（t-Distributed Stochastic Neighbor Embedding，t-SNE）是程序员经常用于可视化的一种降维算法。我们将首先定义降维，并展示其在可视化和问题简化方面的优势。

数据集的维度是程序用于预测的输入（x）的数量。经典鸢尾花数据集具有 4 个维度，因为我们在 4 个维度上测量鸢尾花。第 4 章“前馈神经网络”中介绍了鸢尾花数据集。MNIST 手写数字是 28×28 灰度像素的图像，这将导致数据集共有 784（28×28）个输入神经元。因此，MNIST 数据集具有 784 维。

对于降维，我们需要提出以下问题：“我们是否真的需要 784 维，还是可以将这个数据集投影到更少的维度中？”投影在制图中非常普

遍。我们可以直接观察到，地球至少存在于 3 个维度中。地球唯一真实的三维地图是球体，但是，地球仪不便于存储和运输。对于不适合放置球体的空间，地球的平面（2D）表示形式很有用，只要它仍然包含我们所需的信息。我们可以通过多种方式将地球投影到 2D 曲面上。

Johann Heinrich Lambert 于 1772 年引入了兰勃特投影。从概念上讲，该投影的工作原理是在地球的某个区域放置一个圆锥体，并将球面图像投影到圆锥面上。圆锥体展开后，你将获得一个平面（2D）地图。靠近圆锥体尖端的位置精度较高，靠近圆锥体底部的位置精度较低。

兰勃特投影并不是投影地球并生成地图的唯一方法，Gerardus Mercator 于 1569 年提出了墨卡托投影（Mercator projection）。该投影的工作原理是将一个圆柱体在赤道周围环绕地球。赤道上的精度最高，两极附近的精度则最低。通过检查两个投影中格陵兰岛的相对大小，可以看到这个特征。除上述两种投影方式外，还存在许多其他投影方式。每种方式都旨在以对不同应用有用的方式显示地球。

上面的投影并非是严格的平面地图，因为它们利用其他方面（如颜色）创建了第 3 个维度。地图投影可以用颜色传达其他信息，如海拔、地面覆盖，甚至是政治区域。计算机投影也利用了颜色，我们将在 15.2.1 小节中介绍。

15.2.1 t-SNE 可视化

如果我们可以用降维算法将 MNIST 数据集的 764 维降低到 2 维或 3 维，那么就可以可视化数据集。降为 2 维很受欢迎，因为文章或书籍可以轻松记录可视化效果。重要的是要记住，3D 可视化实际上不是 3D，因为在撰写本书时，真正的 3D 显示器极为罕见。3D 可视化

将渲染到2D显示器上。因此，有必要在整个空间中"飞翔"，看看可视化的各个部分到底是怎样的。这种在空间中的飞翔与计算机视频、游戏非常相似，在计算机视频、游戏中，你必须完全围绕被查看的物体飞翔，才能看到场景的所有方面。即使在现实世界中，你也无法同时看到手持物体的正面和背面，必须用手旋转物体才能看到它的所有面。

Karl Pearson在1901年发明了最常见的降维算法之一。主成分分析（Principal Component Analysis，PCA）创建了与要降低的维数匹配的主成分。例如降至2D将有2个主成分。从概念上讲，PCA尝试将较高维度的数据项打包到主成分中，以使数据的可变性最大化。通过在降维后的空间保持高维空间中的远距离值，PCA可以实现该功能。图15-2展示了将MNIST数据集降低为2D的PCA。

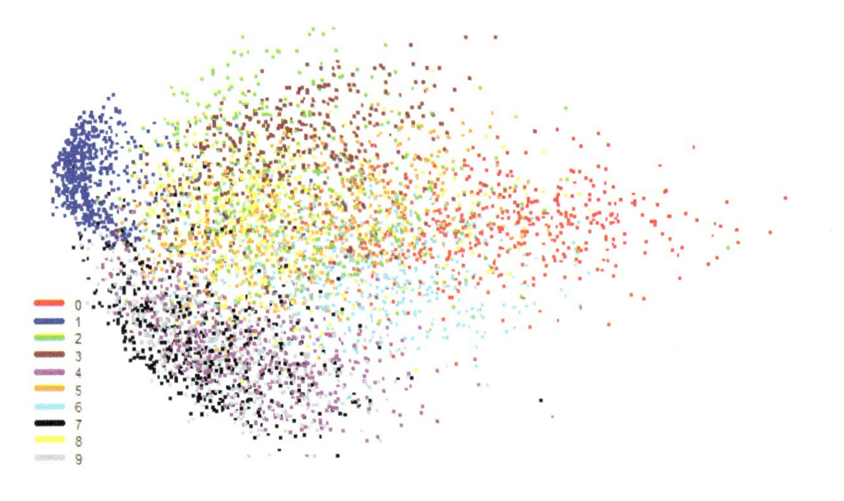

图15-2 MNIST数据集的2D PCA可视化

第一个主成分是x轴（左右）。如你所见，点阵将蓝色圆点（1）放置在最左侧，将红色圆点（0）放置在右侧。手写数字1和0最容易区分，即它们具有最大的可变性。第二个主成分是y轴（上下）。在顶部，你会看到绿色（2）和棕色（3），它们看起来有些相似。底部是紫色（4）、灰色（9）和黑色（7），它们看起来也很相似。然而，这两组之间的差异很大：从 4、9 和 7 区分 2 和 3 更为容易。

颜色对图 15-2 非常重要。如果你阅读的是本书的黑白版本，那么此图可能没有太大意义。颜色代表 PCA 分类的数字。你必须注意，PCA 和 t-SNE 均无监管，因此，它们不知道输入向量的身份。换言之，它们不知道程序选择了哪个数字。程序会添加颜色，以便我们可以看到 PCA 对数字的分类结果有多好。如果图 15-2 在你阅读的版本中是黑白的，那么可以看到，该程序没有将数字分成许多不同的组。因此，我们可以得出结论，PCA 不能很好地用作聚类算法。

图 15-2 也有很多噪声，因为点在较大区域中重叠。定义最明确的区域是蓝色，那里是“1”。你还可以看到紫色（4）、黑色（7）和灰色（9）容易混淆。此外，棕色（3）、绿色（2）和黄色（8）可能会搞错。

PCA 分析所有数据点的成对距离并保留较大距离。如前所述，如果在 PCA 中两个点相距较远，则它们将保持相距较远。但是，我们不得不质疑距离的重要性。考虑一下图 15-3，它显示了两个似乎有些接近的点。

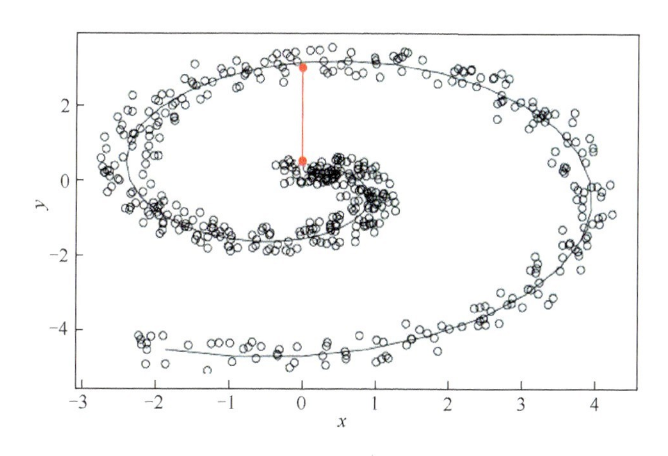

图15-3　螺旋上看起来两个点的接近程度

有问题的点是由一条线连接的两个红色的实心点。当用直线连接时，这两个点有些接近。但是，如果程序遵循数据中的模式，则这些点实际上相距很远，正如所有的点遵循的实心螺旋线所示。PCA 将尝试使这两个点保持接近，如图 15-3 所示。van der Maaten 和 Hinton（2008）发明的 t-SNE 算法工作原理有所不同。图 15-4 展示了与 PCA 具有相同数据集的 t-SNE 可视化。

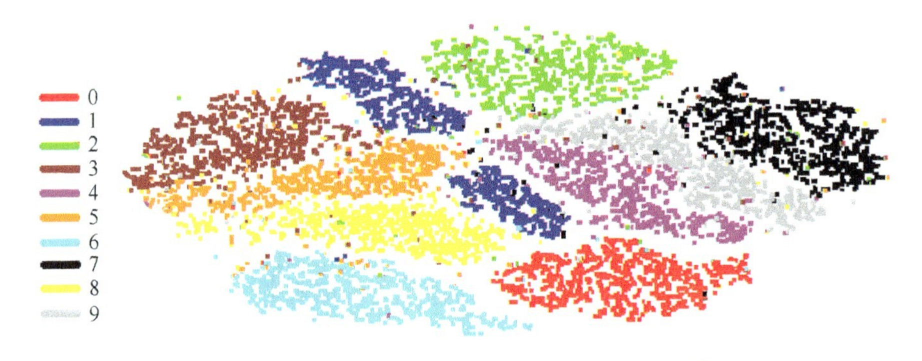

图15-4　MNIST数据集的2D t-SNE可视化

MNIST 数据集的 t-SNE 显示的不同数字的视觉效果清晰得多。同样，程序添加了颜色以指示数字处于的位置。但即使是黑白图，你也会在聚类之间看到某种划分（彼此靠近的数字具有相似之处）。虽然 t-SNE 可视化噪声大大降低，但是你仍然可以看到一些红色的点（0）散落在黄色的聚类（8）和青色的聚类（6），以及其他聚类中。你可以使用 t-SNE 算法为 Kaggle 数据集生成可视化效果。我们将在第 16 章“用神经网络建模”中探讨这个过程。

大多数现代编程语言都有 t-SNE 的实现。

15.2.2　超越可视化的 t-SNE

尽管 t-SNE 主要是用于减小可视化降维的算法，但是特征工程

（feature engineering）也使用它。该算法甚至可以充当模型组件。当你创建附加的输入特征时，就是在进行特征工程。特征工程有一个非常简单的例子：在考虑健康保险申请人时，你基于体重和身高特征，创建了一个名为体重指数（Body Mass Index，BMI）的附加特征，如公式 15-1 所示：

$$BMI = \frac{\text{以千克为单位的体重}}{(\text{以米为单位的身高})^2} \tag{15-1}$$

BMI 非常容易计算，却允许人们结合体重和身高来确定某人的健康状况。这样的特征有时也可以帮助神经网络。你可以利用数据点在 2D 或 3D 空间中的位置，来创建一些附加特征。

在第 16 章“用神经网络建模”中，我们将讨论针对 Otto 集团的 Kaggle 竞赛构建神经网络。针对该竞赛的前十名的解决方案中，有几种使用了 t-SNE 设计的特征。对于这项挑战，你必须将数据点组织成 9 个分类。一个数据项与 3D t-SNE 投影上的 9 个分类中的每一个最近邻的距离，是一个有益的特征。要计算这个特征，我们只需将整个训练集映射到 t-SNE 空间，并获得每个特征的 3D t-SNE 坐标。然后，我们利用当前数据点与这 9 个分类中的每个分类的最近邻的欧氏距离，生成 9 个特征。最后，程序将这 9 个字段与原来提供给神经网络的 92 个字段合并。

作为可视化或作为其他模型输入的一部分，t-SNE 算法为程序提供了大量信息。程序员可以使用这些信息来查看数据的结构，并且模型可以获得有关数据结构的更多详细信息。t-SNE 的大多数实现还适用于大型数据集或非常高维的数据集。在构建神经网络来分析数据之前，应考虑 t-SNE 可视化；训练神经网络并分析其结果时，可以使用混淆矩阵。

15.3 本章小结

可视化是神经网络编程的重要组成部分。每个数据集都对机器学习算法或神经网络提出了独特的挑战。可视化可以解决这些挑战，使你可以设计方法来解决数据集中的已知问题。在本章中，我们展示了两种可视化技术。

混淆矩阵是机器学习分类中非常常见的可视化技术。它总是方阵，行和列等于问题中的分类数。行代表期望值，列代表神经网络实际分类的值。行号和列号相等的对角线代表神经网络正确分类特定类别的次数。一个训练得好的神经网络沿对角线将具有最大的数量。其他矩阵元素计算每个预期类别和实际值之间发生错误分类的次数。

尽管通常会在程序生成神经网络后运行混淆矩阵，但是你可以预先进行降维可视化，以暴露数据集中可能存在的一些问题。你可以使用 t-SNE 算法将数据集的维度降为 2D 或 3D，但是，它在高于 3D 的维度上变得不那么有效。使用 2D 降维，你可以创建内容丰富的散点图，以显示多个分类之间的关系。

在第 16 章中，我们将介绍 Kaggle 竞赛，作为综合前面讨论的许多主题的一种方式。我们将以 t-SNE 可视化作为最初的显示。此外，我们将利用 Dropout 层，减少神经网络的过拟合。

第16章 用神经网络建模

本章要点：

- 数据科学；
- Kaggle；
- 集成学习。

在本章中，我们介绍一个有关建模的结业项目、一种面向业务的人工智能方法，以及数据科学的某些方面。数据科学家 Drew Conway（2013）将数据科学领域定义为黑客技能、数学和统计知识，以及实质性专业知识的综合领域。图 16-1 描述了这个定义。

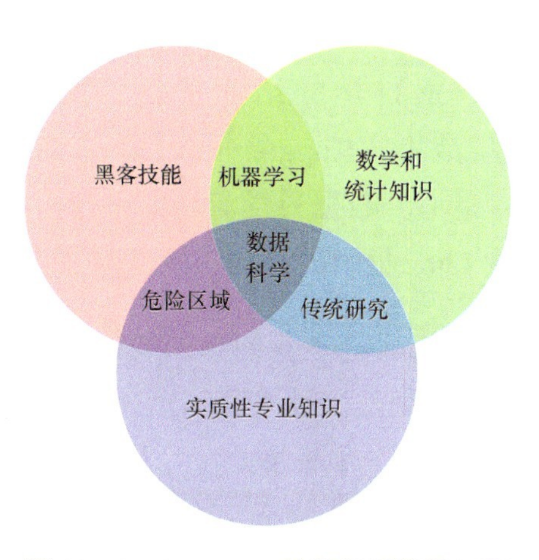

图16-1 Conway的数据科学维恩图

黑客技能本质上是计算机编程的子集。尽管数据科学家不一定需要 IT 专业人员的基础结构知识，但是这些技术、技能让他们能够创建简短、有效的程序来处理数据。在数据科学领域，信息处理称为数据整理。

数学和统计知识涵盖统计、概率和其他推理方法。实质性知识描述了业务知识，以及对实际数据的理解。如果仅将这些主题中的两个结合在一起，你就不会拥有数据科学的所有组件，如图 16-1 所示。换言之，数学和统计知识实质性专业知识的结合只是传统研究。仅有这两项技能并不足以完全包含数据科学所需的能力（即机器学习）。

本系列图书涉及黑客技能、数学和统计知识，即图 16-1 中的两个圆圈。此外，它教你创建自己的模型，与数据科学相比，它与计算机科学领域更相关。通常很难获得实质性专业知识，因为它取决于利用数据科学应用程序的行业。如果你想在保险业中应用数据科学，则实质性专业知识是指该行业中公司的实际业务运营。

16.1 Kaggle 竞赛

为了提供一个数据科学的结业项目，我们将利用 Kaggle 的 Otto 集团产品分类挑战赛（Kaggle Otto Group Product Classification Challenge）。Kaggle 是举办数据科学竞赛的平台。你可以访问 Kaggle 的网站，并从中找到 Otto 集团产品分类挑战赛的相关内容。

Otto 集团产品分类挑战赛是我们参加的第一场（也是目前唯一一场）非教程的 Kaggle 竞赛。在最终获得前 10% 的成绩之后，我们达到了 Kaggle Master 认证的一项标准。一个团队要成为 Kaggle Master，必须进入一项竞赛的前 10 名，以及其他两项竞赛的前 10%。图 16-2 展示了我们在排行榜上的竞赛结果。

331	↓3	Jeff Heaton	0.42881	52	Mon. 18 May 2015 14:34:37

图16-2 Otto集团产品分类挑战赛的结果

图 16-2 所示结果显示了几点信息：

- 我们处于全部参赛者中的第 331 位（9.4%）。
- 在过去的一天，我们下降了三位。
- 我们的多类对数损失分数为 0.428 81。
- 截至 2015 年 5 月 18 日，我们提交了 52 次。

我们简要介绍一下 Otto 集团产品分类挑战赛。有关完整的说明，请参阅 Kaggle 竞赛网站。全球最大的邮购公司和目前最大的电子商务公司之一的 Otto 集团提出了这一挑战。由于该集团在许多国家 / 地区销售过许多产品，因此他们希望利用 93 个特征（列）将这些产品分为 9 个类别。这 93 列代表计数，通常为 0。

数据已完全经过编辑（隐藏信息）。参赛者不知道这 9 个类别，也不知道 93 个特征背后的含义。他们只知道特征是整数。与大多数 Kaggle 竞赛一样，这一竞赛为参赛者提供了测试和训练数据集。对于训练数据集，参赛者拿到了结果，即正确答案；对于测试集，他们只有 93 个特征，他们必须提供结果。

竞赛按以下方式划分了测试集和训练集。

- 测试数据：14.4 万行。
- 训练数据：6.1 万行。

在竞赛期间，参赛者不向 Kaggle 提交他们的实际模型。作为替代，他们根据测试数据提交模型的预测。因此，他们可以使用任何平台进行这些预测。在这个竞赛中，有 9 个类别，因此参赛者提交了一

个有9个数字的向量，表明这9个类别中的每一个是正确答案的概率。

向量中具有最高概率的答案就是所选类别。如你所见，这场竞赛不像在学校的选择题考试，学生必须以A、B、C或D提交答案。作为替代，Kaggle参赛者必须按以下方式提交答案。

- A：80%的概率。
- B：16%的概率。
- C：2%的概率。
- D：2%的概率。

如果学生可以像Kaggle竞赛那样提交答案，大学考试就不会那么“恐怖”。在许多选择题考试中，学生对其中两个答案有信心，并排除了其余两个。类似于Kaggle竞赛的选择题考试将允许学生为每个答案分配一个概率，并且他们可以获得部分分数。在上面的示例中，如果A是正确答案，则学生将获得80%的分数。

但是，实际的Kaggle竞赛得分要稍微复杂一些。该程序使用基于对数的方式对答案进行评分，如果参赛者为正确答案分配的概率较低，则他们将面临很重的罚分。你可以从以下提交的逗号分隔值（Comma-Separated Values，CSV）文件中看到Kaggle的格式：

```
    1,0.0003,0.2132,0.2340,0.5468,6.2998e-05,0.0001,0.0050,0.0001,
4.3826e-05
    2,0.0011,0.0029,0.0010,0.0003,0.0001,0.5207,0.0013,0.4711,
0.0011
    3,3.2977e-06,4.1419e-06,7.4524e-06,2.6550e-06,5.0014e-07,
0.9998,5.2621e-06,0.0001,6.6447e-06
    4,0.0001,0.6786,0.3162,0.0039,3.3378e-05,4.1196e-05,
0.0001,0.0001,0.0006
    5,0.1403,0.0002,0.0002,6.734e-05,0.0001,0.0027,0.0009,
0.0297,0.8255
```

如你所见，每行以一个数字开头，该数字指定要回答的数据项。

上面的示例显示了第 1 项到第 5 项的答案。接下来的 9 个值是为每个产品类别分配的概率。这些概率的总和必须为 1（100%）。

16.1.1 挑战赛的经验

要在 Kaggle 中取得成功，你需要了解以下主题和相应的工具。

- 深度学习：使用 H2O 和 Lasagne。
- 梯度提升机（Gradient Boosted Machine，GBM）：使用 XGBoost。
- 集成学习：使用 NumPy。
- 特征工程：使用 NumPy 和 scikit-learn。
- GPU ：对深度学习非常重要。最好使用支持它的深度学习程序包，如 H2O、Theano 或 Lasagne。
- t-SNE 可视化：非常适合进行高维可视化和创建特征。
- 集成：非常重要。

对于我们提交的文件，我们使用了 Python 和 scikit-learn。但是，你可以使用任何能够生成 CSV 文件的语言。Kaggle 实际上不会运行你的代码，他们只给提交文件打分。Kaggle 最常用的两种编程语言是 R 语言和 Python，这两种语言都有强大的数据科学框架可用。R 语言实际上是用于统计分析的领域特定语言（Domain-Specific Language，DSL）。

在这项挑战中，我们从 GBM 参数调优和集成学习中学到了最多的知识。GBM 有很多超参数需要调整，因此我们在调整 GBM 方面变得很精通。我们 GBM 的单项得分不输给前 10% 的团队的得分。但是，本章中的解决方案将仅使用深度学习，GBM 超出了本书的范围。在本系列图书的未来版本中，我们计划探讨 GBM。

尽管计算机程序员和数据科学家通常可能会使用单个模型（如神

经网络），但 Kaggle 的参赛者需要使用多个模型才能在竞争中取得成功。组合模型产生的结果，要优于每个模型独自生成的结果。

我们在第 15 章“可视化”中探讨了 t-SNE，在本次竞赛中，我们首次使用了 t-SNE。该模型的工作原理类似于 PCA，因为它可以降维，但是，数据点分开的方式使得这种可视化通常比 PCA 更清晰。该程序通过随机近邻嵌入过程来实现清晰的可视化。图 16-3 展示了用 t-SNE 可视化的 Otto 集团产品分类挑战赛的数据。

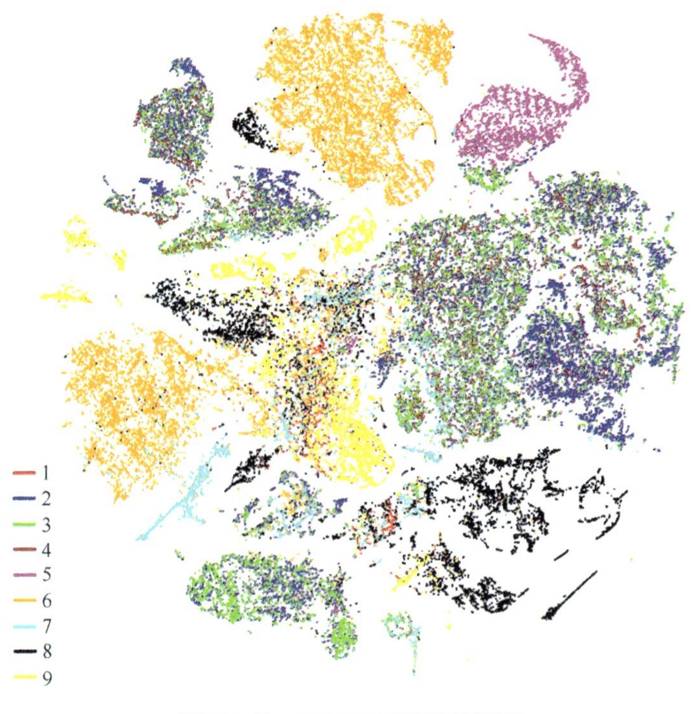

图16-3　t-SNE 可视化的数据

16.1.2　挑战赛取胜的方案

Kaggle 竞争很激烈。我们参加挑战赛的主要目的是学习，但是，我们也希望最后能取得前 10% 的成绩，以便迈出成为 Kaggle Master 的第一步。跻身前 10% 很困难，在挑战赛的最后几周，其他参赛者几乎每天都可能将我们淘汰出局。最后三天的排名变动特别大。在给出我们的解决方案之前，我们先向你展示取胜的解决方案。以下说明基于公开发布的有关取胜解决方案的信息。

Otto 集团产品分类挑战赛的取胜者是 Gilberto Titericz 和 Stanislav Semenov。他们作为一个团队参赛，并使用了三级集成，如图 16-4 所示。

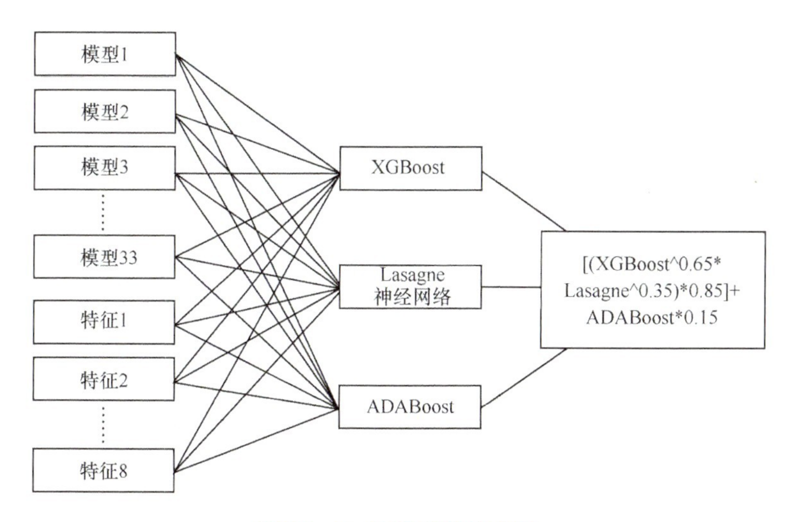

图16-4 取胜的解决方案

取胜的方案同时使用了 R 语言和 Python。第 1 层总共使用了 33 种不同的模型。这 33 个模型中的每个模型都将其输出提供给第 2 层的 3 个模型。此外，该程序还生成了 8 个计算出的特征。一个特征是根据其他特征计算得出的。特征的一个简单例子可能是 BMI，该指数是根据个人的身高和体重计算得出的。BMI 提供了单独身高和体重可能无法提供的结果。

第2层结合了以下3个模型。

- XGBoost：梯度提升。
- Lasagne 神经网络：深度学习。
- ADABoost：极端随机树（extra trees）。

这3个模型使用了33个模型的输出和8个特征作为输入。这3个模型的输出就是前面讨论的9个数的概率向量。这就好像每个模型都被独立使用，从而产生了一个有9个数的向量，很适合作为提交给Kaggle的答案。该程序用第3层来平均这些输出向量，这就是一个加权。如你所见，挑战赛的取胜者使用了庞大而复杂的集成。Kaggle中大多数取胜的解决方案都遵循类似的模式。

关于他们如何构建这个模型的完整讨论超出了本书的范围。老实说，这样的讨论也超出了我们目前对集成知识的学习。尽管这些复杂的集成对Kaggle非常有效，但对一般数据科学而言，它们并不总是必需的。这些类型的模型是黑盒子中最黑的，且无法解释模型预测背后的原因。

但是，了解这些复杂模型对于研究很有吸引力，并且本系列图书的未来版本可能会包含有关这些结构的更多信息。

16.1.3 我们在挑战赛中的方案

到目前为止，我们仅使用单一模型系统。这些模型包含“内置”的集成，如随机森林和GBM。但是，我们可以创建这些模型的更高层次的集成。我们总共使用了20个模型，其中包括10个深度神经网络和10个GBM。我们的深度神经网络系统提供了一个预测，而GBM提供了另一个预测。该程序以简单的比率将这两个预测混合

在一起。然后，我们对结果预测向量进行归一化，以使总和等于 1（100%）。图 16-5 展示了我们的集成模型。

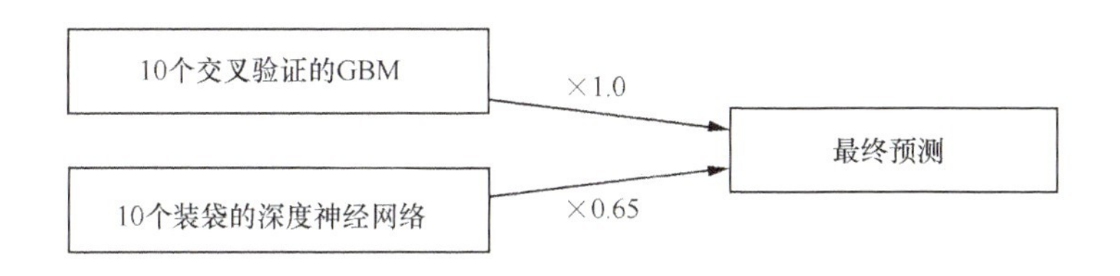

图16-5 我们的集成模型

你可以在 GitHub 上搜索 jeff kaggle-otto-group 来找到我们的解决方案，其是用 Python 编写的。

16.2 用深度学习建模

为了不超出本书的范围，我们将根据我们的条目展示 Kaggle 竞赛的一个解决方案。由于 GBM 超出了本书的主题范围，因此我们将聚焦于使用深度神经网络。为了介绍集成学习，我们将使用装袋（bagging）的方法，将 10 个经过训练的神经网络组合在一起。像装袋这样的集成方法，通常会使 10 个神经网络的集成得分高于单个神经网络。

16.2.1 神经网络结构

对于这个神经网络，我们使用了由稠密层和 Dropout 层组成的深度学习结构。由于这个结构不是图像神经网络，因此我们没有使用卷积层或最大池层。这些层类型要求紧邻的输入神经元彼此具有一定的相关性。但是，构成数据集的 93 个输入可能不相关。图 16-6 展示了

该深度神经网络的结构。

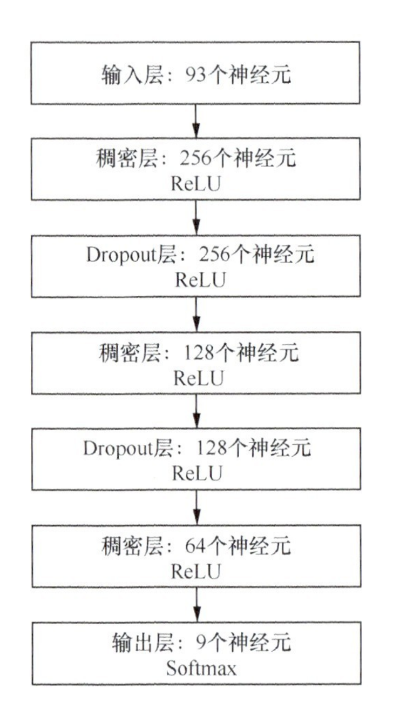

图16-6 参加挑战赛的深度神经网络的结构

如你所见，神经网络的输入层有93个神经元，它们对应数据集中的93个输入列。3个稠密层分别具有256、128和64个神经元。此外，两个Dropout层分别有256个和128个神经元，Dropout概率为20%。输出是一个Softmax层，对9个输出组进行了分类。我们将神经网络的输入数据归一化，以获取其z分数。

我们的策略是分别在两个稠密层之间使用一个Dropout层。我们为第一个稠密层选择的神经元数量为2的幂，在这个例子中，我们使用2的8次幂（256）。然后，我们每次将其除以2，依次得到接下来的两个稠密层。这个过程分别得到256、128，最后是64。对第一个稠密层使用数量为2的幂的神经元，加上另外两个依次除以2的稠密层，这种模式效果很好。随着实验的继续，我们在第一个稠密层尝试了2的其他次幂。

我们用SGD训练了神经网络。该程序将训练数据分为验证集和训练集。SGD训练仅使用训练数据集，但它监视验证集的误差。我们进行训练，直到验证集的误差在200次迭代中都没有得到改善为止。至此，训练停止了，程序在200次迭代中选择了训练最好的神经网络。我们将这个过程称为尽早停止，这有助于减少过拟合。当神经网络不再提高验证集的得分时，可能会发生过拟合。

运行神经网络将产生以下输出：

```
Input       (None, 93)  produces     93 outputs
dense0      (None, 256) produces    256 outputs
dropout0    (None, 256) produces    256 outputs
dense1      (None, 128) produces    128 outputs
dropout1    (None, 128) produces    128 outputs
dense2      (None, 64)  produces     64 outputs
output      (None, 9)   produces      9 outputs
epoch     train loss    valid loss    train/val    valid acc
-------  ------------  ------------  -----------  -----------
      1       1.07019       0.71004      1.50723      0.73697
      2       0.78002       0.66415      1.17447      0.74626
      3       0.72560       0.64177      1.13061      0.75000
      4       0.70295       0.62789      1.11955      0.75353
      5       0.67780       0.61759      1.09750      0.75724
...
    410       0.40410       0.50785      0.79572      0.80963
    411       0.40876       0.50930      0.80260      0.80645
Early stopping.
Best valid loss was 0.495116 at epoch 211.
Wrote submission to file las-submit.csv.
Wrote submission to file las-val.csv.
Bagged LAS model: 1, score: 0.49511558950601003, current
mlog: 0.379456064667434, bagged mlog: 0.379456064667434
Early stopping.
Best valid loss was 0.502459 at epoch 221.
Wrote submission to file las-submit.csv.
Wrote submission to file las-val.csv.
Bagged LAS model: 2, score: 0.5024587499599558, current
mlog: 0.38050303230483773, bagged mlog: 0.3720715012362133
  epoch    train loss    valid loss    train/val    valid acc
-------  ------------  ------------  -----------  -----------
      1       1.07071       0.70542      1.51785      0.73658
      2       0.77458       0.66499      1.16479      0.74670
...
    370       0.41459       0.50696      0.81779      0.80760
    371       0.40849       0.50873      0.80296      0.80642
    372       0.41383       0.50855      0.81376      0.80787
Early stopping.
```

```
Best valid loss was 0.500154 at epoch 172.
Wrote submission to file las-submit.csv.
Wrote submission to file las-val.csv.
Bagged LAS model: 3, score: 0.5001535314594113, current
mlog: 0.3872396776865103, bagged mlog: 0.3721509601621992
...
Bagged LAS model: 4, score: 0.4984386022067697, current
mlog: 0.39710688423724777, bagged mlog: 0.37481605169768967
...
```

通常，神经网络会逐渐减少其训练误差和验证误差。如果你运行这个示例，可能会看到不同的输出，这取决于编写示例的编程语言。上面的输出来自 Python 和 Lasagne/nolearn 框架。

重要的是要理解为什么会有验证误差和训练误差。大多数神经网络训练算法会将训练数据分为训练集和验证集。对于训练集，这部分数据可能占 80%；对于验证集，这部分数据可能占 20%。神经网络将使用 80% 的数据进行训练，然后将误差报告为训练误差。你还可以使用验证集生成误差，即验证误差。因为验证误差代表未经神经网络训练的数据的误差，所以它是最重要的度量。随着神经网络的训练，即使神经网络过拟合，训练误差也将继续下降，但是，一旦验证误差停止下降，神经网络就可能开始过拟合。

16.2.2 装袋多个神经网络

装袋是将多个模型集成在一起的一种简单而有效的方法。本章的示例程序独立地训练了 10 个神经网络。每个神经网络将产生自己的 9 个概率集合，这些集合对应 Kaggle 提供的 9 个类别。装袋就是取 Kaggle 提供的这 9 个类中每个类的平均值。清单 16-1 提供了实现装袋的伪代码。

清单 16-1　装袋神经网络

```
# Final results is a matrix with rows = to rows in training set
# Columns = number of outcomes (1 for regression, or class
count for classification)
final_results = [][]
for i from 1 to 5:
    network = train_neural_network()
    results = evaluate_network(network)
    final_results = final_results + results

# Take the average
final_weights = weights / 5
```

我们对 Kaggle 提供的测试数据集进行了装袋。尽管该测试提供了 93 列，但它没有告诉我们它们所属的分类。我们必须生成一个文件，其中包含要回答的数据项 ID，然后是 9 个概率。在每一行上，概率之和应为 1（100%）。如果我们提交的文件的总和不等于 1，那么 Kaggle 将会缩放我们的值，使它们的总和等于 1。

为了看看装袋的效果，我们向 Kaggle 提交了两个测试文件，第一个测试文件是我们训练的第一个神经网络；第二个测试文件是所有 10 个神经网络装袋的平均值。结果如下。

- 最佳单一神经网络：0.379 4。
- 5 个装袋神经网络：0.371 7。

如你所见，装袋神经网络得分比单个神经网络更高。完整的结果如下所示：

```
Bagged LAS model: 1, score: 0.4951, current mlog: 0.3794,
bagged mlog: 0.3794
Bagged LAS model: 2, score: 0.5024, current mlog: 0.3805,
bagged mlog: 0.3720
Bagged LAS model: 3, score: 0.5001, current mlog: 0.3872,
bagged mlog: 0.3721
```

```
    Bagged LAS model: 4, score: 0.4984, current mlog: 0.3971,
bagged mlog: 0.3748
    Bagged LAS model: 5, score: 0.4979, current mlog: 0.3869,
bagged mlog: 0.3717
```

如你所见，第一个神经网络的多类对数损失（结果中 current mlog）误差为 0.379 4。第 5 章“训练与评估”中讨论了多类对数损失测量指标。装袋得分相同，因为我们只有一个神经网络。当我们将第二个神经网络与第一个神经网络装袋时，发生了惊人的事情。前两个神经网络的当前得分分别是 0.379 4 和 0.380 4。当我们将它们装袋在一起时，得到了 0.372 0，低于两个神经网络的得分。将这两个神经网络的权重平均后得到的新神经网络要优于两者。最终，我们得到的装袋得分为 0.371 7，这比之前的单个神经网络（当前）得分都要好。

16.3 本章小结

在本章中，我们展示了如何将深度学习应用于实际问题。我们训练了一个深度神经网络，为 Kaggle 的 Otto 集团产品分类挑战赛生成提交文件。我们使用稠密层和 Dropout 层来构建这个神经网络。

我们可以利用集成将多个模型组合为一个模型。通常，生成的集成模型将比单个集成方法获得更好的得分。我们还研究了如何将 10 个神经网络装袋在一起，并生成 Kaggle 可接受的 CSV 文件。

在分析了神经网络和深度学习之后，我们希望你学到了有用的新知识。如果你对本书有任何意见，请来信告知。将来，我们计划编写本系列图书的其他卷，以包含更多技术。因此，我们有兴趣知道，你希望我们在将来的卷中探讨哪些技术。你可以通过以下网站与我们联系：

```
http://www.jeffheaton.com
```

附录A 示例代码使用说明

A.1 系列图书简介

这些示例代码都是还在写作中的系列图书的组成部分，可以访问本书引言中给出的网址，关注系列图书的写作和出版状态。本系列图书包括以下几卷：

- 卷 0：AI 数学入门；
- 卷 1：基础算法；
- 卷 2：受大自然启发的算法；
- 卷 3：深度学习和神经网络。

A.2 保持更新

本附录介绍如何获取本系列图书的示例代码。

这可能是本系列图书中变化最快的一部分了，各种编程语言总是在变化并且不断推出新的版本，我会适时更新这些代码，同时修复一些已知问题，因此最好使用最新版本的示例代码。

由于示例代码更新较快，因此如果以文件形式提供，可能会很快

过时，所以建议你前往下述网址下载最新版本文件：

```
https://github.com/jeffheaton/aifh
```

A.3 获取示例代码

本书的示例代码提供多种编程语言的实现，并且大多数分卷的主要代码包都包含 Java、C#、C/C++、Python 和 R 语言形式。卷 2 发行时，包括 Java、C#、Python 和 Scala，自图书发行以来，可能已经添加了其他语言的版本。社区也可能会补充其他语言的对应实现。所有示例代码均可在下述 GitHub 开源库找到：

```
https://github.com/jeffheaton/aifh
```

进入仓库后，有两种不同的方法可以下载示例代码。

A.3.1 下载压缩文件

GitHub 有一个图标，如图 A-1 所示，可以下载包含本系列图书所有示例代码的 ZIP 压缩文件—— 一个压缩文件就包含全部代码，也因此该文件内容变化会很快，你最好在阅读每一分卷之前都下载最新版本的文件。下载请访问下述网址：

```
https://github.com/jeffheaton/aifh
```

即可看到图 A-1 所示的下载链接。

A.3.2 克隆 Git 仓库

如果你的计算机上安装了版本控制软件 Git，那么所有示例代

码都可以通过 Git 获取。下面这行命令即可把示例代码克隆到本地。（所谓“克隆”其实就是复制传输整个库文件的过程。）

```
git clone https://github.com/jeffheaton/aifh.git
```

还可以通过下面这行命令拉取最新的更新：

```
git pull
```

如果你需要一份 Git 指南，可以访问 Git 官网。

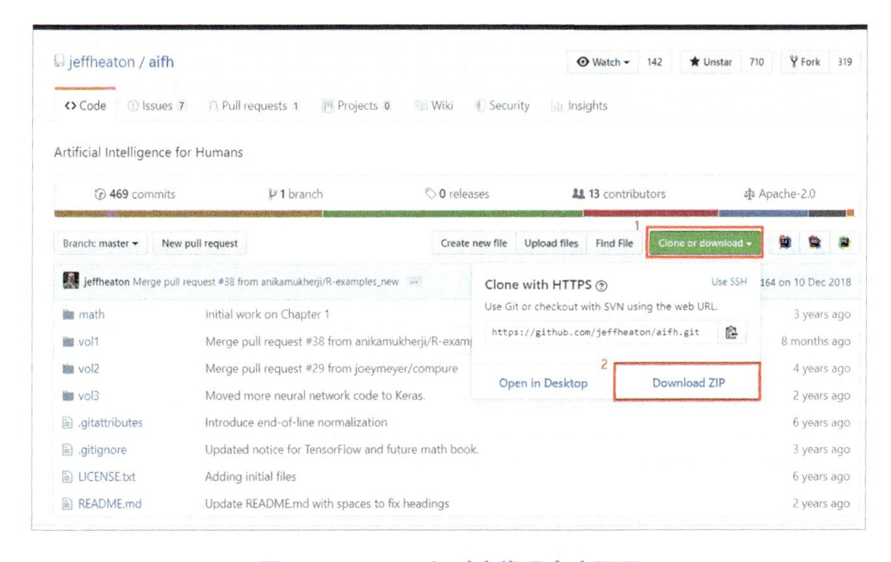

图A-1　GitHub对应代码仓库页面

A.4 示例代码的内容

用下载文件的方法获取示例代码，则本系列图书的所有示例代码都在一个压缩文件中。

打开文件就可以看到图 A-2 所示的内容。

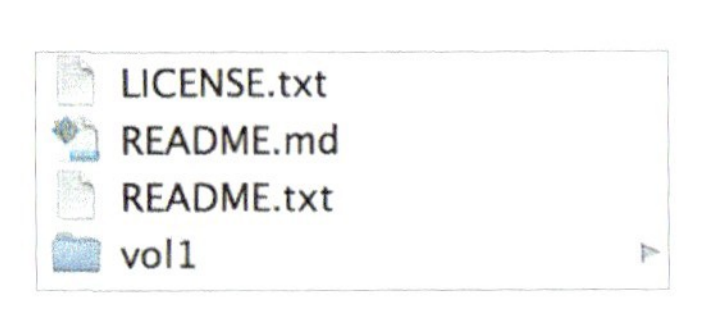

图A-2　下载的示例代码文件

其中 LICENSE.txt 文件内容是示例代码所用的开源许可证的信息，本系列图书所有示例代码均基于开源许可证 Apache 2.0 发布，这是一个自由且开源的软件许可证。该许可证意味着我不保留对该文件的版权，同时你还可以将其中的文件用于商业项目，而不需要获得进一步的许可。

本书源代码可以免费获取，但书籍内容不行。这些书都属于我以各种形式售卖的商品，虽然我都以无数字版权管理（Digital Rights Management，DRM）的形式发布，但你无权重新发布具体的书籍内容，不管是 PDF 格式、MOBI 格式、EPUB 格式还是其他任何格式，一律不行。你的支持是我最大的动力，也是本系列图书能够顺利完成的保证。

下载文件中包含两个 README 文件[①]。其中 README.md 是一个 包含图片和格式化文本的 Markdown 文件，README.txt 则是一个纯文本文件，二者包含的信息都差不多。要了解更多关于 Markdown 文件的信息，请访问下述网址：

```
https://help.github.com/articles/github-flavored-markdown
```

在下载好的示例代码文件中，在好几个文件夹中都可以看到 README 文件，其中最上层文件夹中的 README 文件包含的是关于本系列图书的信息。

① 实际上现在只有 README.md 文件了。——译者注

你还可以看到文件中包含每一分卷单独的文件夹，分别名为 vol1、vol2 等。你看到的可能不是全部的卷目文件夹，因为整个系列还没有写完。每个分卷文件夹的结构都一样，如你打开卷 1 对应的文件夹，看到的会是图 A-3 所示的内容。

图A-3 卷 1 对应文件夹的内容

在这个文件夹中，可以看见两个 README 文件，其中包含的是关于这一卷的信息。在 README 文件中，最重要的信息就是示例代码的当前状态。因为社区经常会提交示例代码，所以部分示例代码可能并不完全，这时该卷对应的 README 文件就可以提供这一重要信息。此外，每一卷的 README 文件中还包含了该卷对应的勘误表和常见问题解答。

你应该也看到了一个名为 chart.R 的文件，其中包含的是我用于创建本书中很多图表的源代码。我使用 R 语言创建了本书中几乎全部的图表，该文件则让读者能够看到图表背后蕴含的公式。由于这部分 R 代码仅仅用于我的写作过程，因此我也就没有把这个文件转换为其他语言。如果我创建图表时使用的是其他编程语言，如 Python，那你看到的就应该是一个名为 chart.py 的文件，其中包含对应的 Python 代码。

你还可以看到，卷 1 中包含了用 C、C#、Java、Python 和 R 等语言编写的示例代码，这些都是我力求提供完整代码的主要语言，但

同时你也可以看到后来补充的其他语言。再强调一遍，一定要核对README文件中关于语言移植的最新信息。

图A-4展示了一个典型的语言包中的内容。

注意README文件，各个语言文件夹内的README文件非常重要。图A-4中的README文件内容是在Java环境中使用示例代码的指引。如果使用书中某种语言的示例代码时出现问题，首先就应该看看README文件。图A-4中的其他文件都是Java文件夹中独有的，README文件提供了更多相关细节。

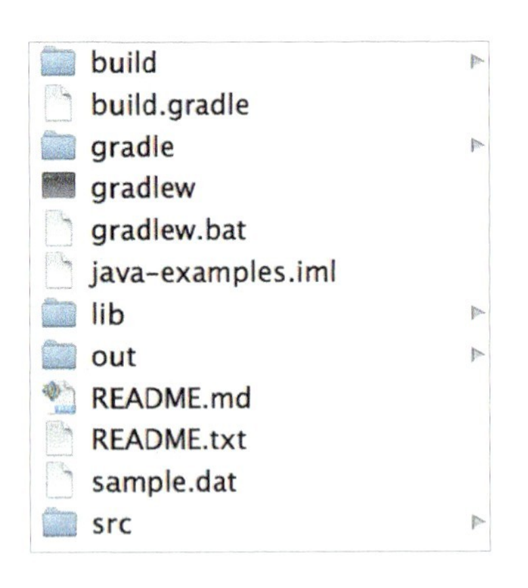

图A-4　Java语言包

A.5 如何为项目做贡献

你想把示例代码转换为另一种新的语言吗？你有发现什么疏漏、拼写错误或是别的问题吗？我想可能是有的。现在，只要在该项目基础上分叉出一个分支，并在GitHub上推送提交修订，你就可以成为这个不断增长的项目协作者群体中的一员。

整个过程始于“派生”（fork）操作。你创建了一个GitHub账户并

分叉了一个 AIFH 项目，这样就产生了一个新项目，相当于是 AIFH 项目的副本。然后用与克隆 AIFH 主项目差不多的方式来克隆你的新项目，对新项目做出改动之后，就可以提交一个“拉取请求”（pull request）。在收到你的请求之后，我就会审核你的改动或是补充，并将其合并（merge）到主项目中。

关于在 GitHub 上进行协作的更多、更详细的内容，请参见下述网址：

```
https://help.github.com/articles/fork-a-repo
```

参考资料

这里列出与本书内容相关的参考资料。

[1] Ackley H, Hinton E, Sejnowski J. A learning algorithm for Boltzmann machines[J]. Cognitive Science, 1985: 147-169.

[2] Bergstra J, Breuleux O, Bastien F, et al. Theano: a CPU and GPU math expression compiler[C]// Proceedings of the python for scientific computing conference, 2010: 18-24.

[3] Broomhead D, Lowe D. Multivariable functional interpolation and adaptive networks[J]. Complex Systems, 1988, 2(3), 321-355.

[4] Chung J, Gulcehre C, Cho K, et al. Empirical evaluation of gated recurrent neural networks on sequence modeling[J]. arXiv, 2014.

[5] Elman J L. Finding structure in time[J]. Cognitive Scienc, 1990, 14 (2): 179-211.

[6] Fukushima K. Neocognitron: A self-organizing neural network model for a mechanism of pattern recognition unaffected by shift in position[J]. Biological Cybernetics, 1980, 36: 193-202.

[7] Garey M R, Johnson D S. Computers and intractability; a guide to the theory of np-completeness[M]. New York: W. H. Freeman & Co, 1990.

[8] Glorot X, Bordes A, Bengio Y. Deep sparse rectifier neural networks[J]. Journal of Machine Learning Research, 2011, 15: 315-323.

[9] Hebb D. The organization of behavior: a neuropsychological theory[M]. Mahwah N.J.: L. Erlbaum Associates, 2002.

[10] Hinton G E, Srivastava N, Krizhevsky A, et al. Improving neural networks by preventing co-adaptation of feature detectors[J]. Computer Science, 2012, 3(4): 212-223.

[11] Anderson J A, Rosenfeld E. Neurocomputing: Foundations of research[M]. Cambridge, MA: MIT Press, 1988.

[12] Hopfield J J, Tank D W. "Neural" computation of decisions in optimization problems[J]. Biological Cybernetics, 1985, 52: 141-152.

[13] Hornik K. Approximation capabilities of multilayer feedforward networks[J]. Neural Networks, 1991, 4 (2), 251-257.

[14] Jacobs R A. Increased rates of convergence through learning rate adaptation[J]. Neural Networks, 1988, 1 (4), 295-307.

[15] Jacobs R, Jordan M. Learning piecewise control strategies in a modular neural network architecture[J]. IEEE Transactions on Systems, Man and Cybernetics, 1993, 23 (2), 337-345.

[16] Jordan M I. Serial order: A parallel distributed processing approach[J]. Institute for Cognitive Science Report, University of California, 1986: 8604.

[17] Kalman B, Kwasny S. Why TANH: choosing a sigmoidal function[C]// International Joint Conference on Neural Networks.

1992, 4: 571-581.

[18] Kamiyama N, Iijima N, Taguchi A, et al. Tuning of learning rate and momentum on back-propagation[C]// ICCS.ISITA' 92 Communications on the move, 1992, 2, 528-532.

[19] Keogh E, Chu S, Hart D, et al. Segmenting time series: A survey and novel approach[M]// Data mining in time series databases. World Scientific Publishing Company, 1993: 1-22.

[20] Krizhevsky A, Sutskever I, Hinton G E. Imagenet classification with deep convolutional neural networks[J]. Advances in neural information processing systems, 2012, 25(2).

[21] LeCun Y, Bottou L, Bengio Y, et al. Gradient-based learning applied to document recognition[J]. Proceedings of the IEEE, 1998, 86(11): 2278-2324.

[22] Maas A L, Hannun A Y, Ng A Y. Rectifier nonlinearities improve neural network acoustic models[C]// International conference on machine learning. 2013.

[23] Van der Maaten L, Hinton G. Visualizing high-dimensional data using t-SNE[J]. Journal of Machine Learning Research, 2008, 9(2), 2579-2605.

[24] Marquardt D. An algorithm for least-squares estimation of nonlinear parameters[J]. SIAM Journal on Applied Mathematics, 1963, 11(2), 431-441.

[25] Matviykiv O, Faitas O. Data classification of spectrum analysis using neural network. Lviv Polytechnic National University, 2012.

[26] McCulloch W, Pitts W. A logical calculus of the ideas immanent in nervous activity[J]. Bulletin of Mathematical Biology, 1943, 5 (4), 115-133.

[27] Mozer M C. Backpropagation[M]. Hillsdale, NJ, USA: L. Erlbaum Associates Inc, 1995.

[28] Nesterov, Y. Introductory lectures on convex optimization: a basic course[M]. Kluwer Academic Publishers, 2004.

[29] Ng A Y. Feature selection, l1 vs. l2 regularization, and rotational invariance[C]// The Twenty First International Conference on Machine Learning. New York, NY, USA: ACM, 2004.

[30] Neal R M. Connectionist learning of belief networks[J]. Artificial Intelligence, 1992, 56 (1): 71-113.

[31] Riedmiller M, Braun H. A direct adaptive method for faster backpropagation learning: The RPROP algorithm[C]// IEEE international conference on neural networks. 1993: 586-591.

[32] Robinson A J, Fallside F. The utility driven dynamic error propagation network. Cambridge: Cambridge University Engineering Department, 1987.

[33] Rumelhart D E, Hinton G E, Williams R J. Neurocomputing: Foundations of research[M]. Cambridge, MA, USA: MIT Press, 1988.

[34] Schmidhuber J. Multi-column deep neural networks for image classification[C]// Proceedings of the 2012 IEEE conference on computer vision and pattern recognition. Washington, DC, USA:

IEEE Computer Society, 2012: 3642-3649.

[35] Sjberg J, Zhang Q, Ljung L, et al. Nonlinear black-box modeling in system identification: a unified overview[J]. Automatica, 1995, 31: 1691-1724.

[36] Snoek J, Larochelle H, Adams R P. Practical bayesian optimization of machine learning algorithms[M]// Advances in neural information processing systems 25. Curran Associates, Inc, 2012: 2951-2959.

[37] Stanley K O, Miikkulainen R. Evolving neural networks through augmenting topologies[J]. Evolutionary Computation, 2002, 10 (2): 99-127.

[38] Stanley K O, D, Ambrosio D B, Gauci J. A hypercube based encoding for evolving large-scale neural networks[J]. Artificial Life, 2009, 15 (2), 185-212.

[39] Teh Y W, Hinton G E. Rate-coded restricted Boltzmann machines for face recognition[M]// Nips. MIT Press, 2000: 908-914.

[40] Werbos P J. Generalization of backpropagation with application to a recurrent gas market model[J]. Neural Networks, 1988, 1.

[41] Zeiler M D, Ranzato M, Monga R, Mao M Z, et al. On rectified linear units for speech processing[C]// IEEE International Conference on Acoustic, Speech and Signal Processing, 2013: 3517-3521.